传统文化在现代室内设计中的应用研究

张琳 著

University of Electronic Science and Technology of China Press

· 成都 ·

图书在版编目（CIP）数据

传统文化在现代室内设计中的应用研究 / 张琳著
. — 成都：电子科技大学出版社，2023.8
ISBN 978-7-5770-0399-3

Ⅰ．①传… Ⅱ．①张… Ⅲ．①中华文化－应用－室内
装饰设计－研究 Ⅳ．①TU238.2

中国国家版本馆 CIP 数据核字(2023)第 129280 号

传统文化在现代室内设计中的应用研究
CHUANGTONGWENHUA ZAI XIANDAISHINEISHEJIZHONG DE YINGYONGYANJIU
张 琳 著

策划编辑　罗国良
责任编辑　罗国良

出版发行　电子科技大学出版社
　　　　　成都市一环路东一段 159 号电子信息产业大厦九楼　邮编 610051
主　　页　www.uestcp.com.cn
服务电话　028-83203399
邮购电话　028-83201495

印　　刷　北京京华铭诚工贸有限公司
成品尺寸　170mm×240mm
印　　张　12
字　　数　230 千字
版　　次　2023 年 8 月第 1 版
印　　次　2024 年 1 月第 1 次印刷
书　　号　ISBN 978-7-5770-0399-3
定　　价　78.00 元

前　言

　　中国传统文化历史悠久,内涵丰富、深厚,是人们智慧的结晶。在中华民族的发展历程中,传统文化是其发展的精神保证。当前,科学技术日新月异,传统文化依然体现在人们日常生活的方方面面,同时产生深刻的影响,其中和人们生活密切相关的就包含室内设计。室内设计又被称为室内环境设计,是指在建筑物基本的空间布局以及周围环境的基础上,根据相应的设计标准,使用特定的物质技术手段,把人们的室内空间成功打造为功能分区合理、舒适优美、温馨健康、满足人们物质和精神生活需求的场所。不同时期的室内环境能够清晰地反映出当时的精神文化特征、装饰风格和人们的生活习惯。现代室内设计是在满足人们对空间功能、视觉感受以及健康舒适的基本需求的基础上发展起来的,在建筑内部原有的框架之上,运用相应的技术手段达到人们较为理想的空间效果,是对建筑内部空间的再创造,以人为中心,在综合考虑人们的生理、心理健康需要的基础上,根据人们的生产、生活对室内空间进行合理规划。随着人们对生活要求的提高,人们对所居住房屋内部设计也从最初的追求实用性,到力求实用与艺术并存。因此,室内设计要在创新中探索未来的发展之路,满足人们对室内设计的需求。中国传统文化是在时代的长河中沉淀而成,具有深厚的历史底蕴和艺术情怀,将之融入室内设计中,可以促进传统文化更好地传承,增强室内设计的文化氛围,促进室内设计的发展。

　　《传统文化在现代室内设计中的应用研究》一书共有七章。首先,概述了传统文化与室内设计的渊源,阐述了传统文化在现代室内设计中的表现,其次,分别研究了传统文化中的漆文化、木文化、雕花纹样艺术以及建筑中的瓦文化在室内设计中的应用。最后,研究了传统文化在室内设计中的应用展望,以促进中国传统文化在室内设计中更好地发展。本书可以为读者提供传统文化与室内设计合理融合的相关理论技术和学习指导。

本书在编写的过程中参阅了许多相关文献资料、研究成果,在此向各位老师表示衷心感谢。由于本人水平有限,书中难免存在疏漏之处,敬请读者批评指正。

编　者

2023 年 4 月

目　录

第一章

传统文化与室内设计的渊源

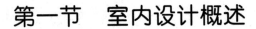

第一节　室内设计概述

一、室内设计的含义

室内设计又被称为室内环境设计，是指在建筑物基本的空间布局以及周围环境的基础上，根据相应的设计标准，使用特定的物质技术手段，把室内空间成功打造为功能分区合理、舒适优美、温馨健康以及能够满足人们物质和精神生活需求的场所。室内环境能够清晰地反映出当时的精神文化特征、装饰风格和人们的生活习惯。现代室内设计是在满足人们对空间的功能、视觉感受以及舒适度的基本需求上发展的。是在建筑内部原有的框架之上，运用相应的技术手段达到人们较为理想的空间效果，是对建筑内部空间的再创造，以人为中心，在综合考虑人们的生理、心理健康需要的基础上，根据人们的生产、生活对室内空间进行合理的规划。

室内设计是环境艺术设计的重要组成部分，是在多方面综合考虑下进行的系统设计，包括室内空间处理、采光设计、室内家具、室内色彩搭配等方面。室内设计是建筑装饰设计的重要分支，是对已有建筑框架的再创造。室内设计主要分为两类，一类是公共建筑空间设计，如酒店、餐饮、商业空间等；另一类是居家设计。设计师在进行室内设计时，需要把人流动线、空间规划、色彩搭配、照明、功能分区等各方面综合考虑，使各要素合理融合，从而创作出理想的室内设计作品。室内设计与人的关系紧密相连，设计师在进行室内设计的时候，要考虑使用者的个人感受和需求，以人为本，创作出满足人们精神、物质需求的室内设计作品。

二、室内设计的内容

随着人们生活质量的提高，现代室内设计的内容更丰富，范围更广泛，层次也更深入。只有了解室内设计的相应设计内容，才能更加有针对性地进行设计。从宏观角度看，室内设计其实是对室内环境的综合性设计，其内涵更加丰富，除了室内空间环境，室内声、光、热环境，室内空气环境（主要指空气质量有害气体和粉尘含量、放射计量等）等室内客观物理环境外，还包括空间使用者的主观心理感受。

从微观角度看，室内设计的内容主要包括以下几点。

1. 室内空间组织和界面处理

对室内空间设计是室内设计的灵魂和根本，而空间设计的是否合理，使用是否舒适便捷，这在很大程度上取决于设计师对空间的组织和平面布局的处理。建筑在长达几十年的使用过程中，其所提供的室内空间未必与使用它的每种活动性质完全相适应，因此，在进行一个室内设计项目时，应该根据它的使用功能和活动性质对客观存在的建筑空间进行调整、重组和完善，以求创造出合理的使用空间。

空间组织首先是对空间功能的组织，其次是对空间形态的组织和完善。对空间的组织和再造，在某种程度上依托于对室内空间各围合界面的围合方式及界面形式的设计，从而更好地丰富室内空间的功能和形式。在实行空间组织和界面设计时，设计师还应该将必要的建筑结构件（如梁、柱等）和安装设施（如公共空间中室内顶棚内的风道、消防喷淋，烟感及水、电等相关必要设施）考虑在内，并将这些因素与界面形式巧妙结合，这是室内界面设计的重要内容。

2. 室内照明、色彩和材质设计

室内设计中的照明、色彩和材质这三者有密不可分的关系。室内空间的照明光源主要来自自然采光和人工照明两部分，它为生活、工作于室内的人们提供必要的采光需要，同时还能够对形与色起到修饰作用，营造丰富的空间效果。

有了光线，色彩就成为室内设计中最为活跃的元素，不同使用功能和使用性质的空间需要不同的色彩与之相适应。材质作为一个重要载体，在设计中也是不可忽略的，不同的材质能够给同一种色彩或者同一个空间带来不同的情感面貌。在室内设计中光与色彩、材质的关系是十分微妙生动的。

3. 室内配饰物的设计和选用

室内设计中的配饰物主要包括家具、陈设、灯具、室内景观等。它们在室内空间中具有举足轻重的地位，它们既要满足一定的使用功能要求，还要具有一定的美化环境的作用。从某种意义上说，室内配饰物是室内设计风格的体现，以及环境氛围塑造的主体。因此，应本着与室内空间使用功能和空间环境相协调的原则来进行室内配饰物的设计与选用。

另外，从室内设计的整体过程方面看，相应的构造及施工设计也是室内设计中十分重要的内容。好的设计创意需要最终依靠合理有效的施工工艺和构造做法来实现，这也是优秀的设计师必备的一项技能。

三、室内设计的原则

设计师需要不断地提出多种设计方案，并加以评估。室内设计的方案必须满足五个原则：空间性、功能性、经济性、创造性和技术性。只有这五个原则达到平衡，才能成功地塑造出室内空间的整体感。

1. 空间性

空间性是指物品、人和空间的关系。在考虑空间时，最基本的是要掌握空间所特有的意义和目的。空间可以给予人宽度、广度及色彩感，所以在室内设计时，对于各个部位都要去体会建筑师的建筑意图。在这种意义上，室内设计师必须要懂得"建筑"。每个空间一定会有其建造的目的，即这个空间是用来做什么的。把这些基本的使用目的考虑到位，可以使各个空间的目的性更加明确。空内设计的材料、色彩、形状等都必须能够表现出空间的目的性。

2. 功能性

功能分为空间功能和物品功能，前者包括隔声、保湿、维修方便等功能，后者包括各种各样的机器设备功能。室内设计的功能性主要表现在两种功能的协调中，设计师有必要在室内的每个部分都将这些因素考虑齐全，尤其是厨房、设备间、卫生间等功能性要求较高的空间。功能性将直接影响作业效率，因此这些空间越是狭小，对功能性的要求就越高。

3. 经济性

由于空间等级的不同，费用支出也有所不同，室内设计的经济性只能根据预算进行考虑。在有关设备的问题上，需要对初期费用和运行费用进行严谨的计算、推敲后再制订设计计划。运行费用包括电费、燃料费等，维修费也包括在内。如果初期费用较少，后期的运行费用就有可能增加。所以，在进行空内设计时有必要好好考虑建筑的使用年限，然后根据需要和目的制定合理的预算。

4. 创造性

创造性是指利用不同色彩形式、风格、材质的组合，产生新颖别致的室内设计方案。

（1）把表现个性美作为前提

功能性确实很重要，但是如果仅停留在"方便、便宜、结实"的层面上，就无法设计出优秀的作品。只有在"表现个性美"的前提下表现美感，才是大众所需要的。从广义上说，色彩、形式、材质也有功能性，但如果能更好地利用这些特点，就形成了室内设计的创造性。

（2）普遍性和个性（喜好）

对美的感知因时代的不同而有所变化，但是古典美是长盛不衰的。在感受美的基本原则上，加以个性及新鲜感，无论多艺术、多前卫的设计，也会包含最基础的美。在涉及基本的生活空间时，大多数情况下的设计是保守的。而且，在"特定个人的住宅"这个意义上，室内设计既要有个性的表现，也要有普遍性的表现。

5. 技术性

技术性，主要是指砖缝、对角、压边等衔接处理得好与坏。

（1）比较材料和技术

如果因为预算有限，不得已必须有所削减，降低材料的预算是比较可行的选择。有时越是采用低成本且简约的材料来装修，可能越显得有品位。与材料相比，技术方面是值得投入较多的。例如定制的家具，各个细节的处理都会影响家具的使用寿命。

（2）选择专业的团队

虽说现在的施工队中也有技术高超的工匠，但从整体上来说，施工队的人做家具的水平并不高。如果需要定制柜台、架子、房门这些物件，最好还是选择专业的家具公司，因为这些专业公司的技术及五金件的配置更值得信赖。

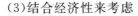

（3）结合经济性来考虑

虽然不建议压低技术的初期费用，但是设计时可以在运行费用上下功夫。例如，有凹槽的设计很容易堆积垃圾；采用不同的面漆或不同的五金件，污垢的显眼程度也会不同。设计师在选择材料时应该多考虑如何减少今后维修及养护的成本。

第二节　室内设计与传统文化的关系

传统文化有着深厚的文化内涵，具有美学性和艺术性，对中国现代室内设计的发展有重要的意义。从一定程度上来看，现代室内设计是传统文化的重要载体。传统文化融入现代室内设计，不仅能够弘扬中国传统文化，还能够提升设计师的艺术创作水平，从而创作出具有传统文化底蕴的设计作品，更好地满足用户的物质和精神需求。

一、现代室内设计与传统文化之间的关联

传统文化是历经数千年的沉淀而形成的优良文化。不仅是中国劳动人民智慧的结晶，更是一笔重要的精神财富。现代室内设计是在建筑物的使用性质以及所处环境的基础上，运用各种手法进行创作，以达到满足人们物质和精神生活需要的室内环境。传统文化与现代室内设计的关系密不可分。首先，传统文化是现代室内设计融合元素的重要来源之一，可以给现代室内设计提供丰富的素材，能够满足用户的需求。其次，现代室内设计是传统文化的传承载体，设计师通过现代室内设计可以使更多的人增加对传统文化的了解。最后，传统文化具有的艺术魅力和美学价值可以提升现代室内设计的文化内涵，使现代室内设计更好的发展。

二、现代室内设计中传统文化的体现

（一）现代室内设计之哲学流派

中国哲学流派主要有儒、道、佛三派。儒家与道家重视人与自然和谐相

处。不同的哲学流派，会使室内设计呈现不同的效果。道家以亲近自然为主，在设计时，通过使外面的光线进入室内，提升室内亮度，增强用户的视觉感。佛家以个体直接体验后达到精神愉悦为主，在设计中，使颜色产生变化可以呈现不同氛围。例如，家具设计中选用一些不太复杂的线条来呈现空间属性，或者用一些胡桃木、樟木来提升视觉感受。

（二）现代室内设计之传统装饰元素

古人喜欢用一些装饰性的东西点缀室内空间，使室内环境在氛围上更具和谐性，赋予室内空间审美价值和艺术价值。中国传统装饰元素一直是现代室内设计中的重要组成部分。例如，花瓶、窗花、字画、布艺以及具有一定内涵的古典物品，都能够提升室内环境的视觉美感，同时也能呈现居住者的生活态度。除此之外，带有传统元素的装饰品还能呈现居住者的文化涵养。

（三）现代室内设计之书法

传统文化艺术中最经典的民族符号就是书法。书法就是用毛笔书写汉字，是一种具有审美价值的艺术形式。书法具有强烈的吸引力、艺术感和大众参与性。在古代，书法一直是有志之士的特长，他们在书法作品中寄予思想情感。在现代室内设计中，书法作品也一直是设计师经常应用的元素。例如，书法作品制作的壁画或者屏风，营造一种典雅又不失现代风格的室内氛围。

（四）现代室内设计之家具

家具设计是室内设计的重要组成部分，家具设计使传统文化能够被更好地运用和体现。在室内环境设计方面，家具的摆放会直接影响室内环境的整体效果。在现代室内设计中，设计师通常以复古、纯朴的传统家具衬托室内环境，使家具界面的颜色、图案与整个房间的门窗、环境一致，以此呈现更高质量的居住环境，向居住者传达一种视觉美感。除此之外，在现代室内设计中，家具的实用性也很强。例如，将木椅改造成简易楼梯等设计，都是在更好地满足用户的需求。

（五）现代室内设计之传统图案

中国传统图案不仅具有传统文化内涵，还具有收藏价值，通常出现在壁画、挂屏等地方。传统图案包含老虎、龙纹等。在一些高雅的地方，也会悬挂各种各样的风景图画。在现代室内设计中，图案的装饰性主要在花瓶、家具、天花板等方面呈现。把传统图案巧妙地应用在室内设计中，能提升室内环境的艺术氛围，传达出一种古色古香的传统文化之美。

现代室内设计作为传统文化的传承载体，两者之间有着极深的关联性。随着人们审美观念的转变，现代室内设计的理念也随之转变。把传统文化融入室内设计，能够使设计师更好地进行现代室内设计，不仅可以设计出符合用户需求的设计作品，还可以更好地传承传统文化。

第三节　传统文化在室内设计中的运用与研究

目前，人们的生活质量和物质生活水平都得到了提高，由此，人们对室内居住环境的要求也越来越高，对现代室内设计作品也有了更高的要求。在室内设计中，室内环境质量的优劣能够直接对用户的空间体验感产生影响，而且传统的室内设计已经不能满足现代社会中人们对居住环境的多样化需求。社会在不断发展，时代也在不断进步，人们的审美方式与审美观理念也随之产生变化。传统文化不仅是经过数千年沉积的优良文化，更是现代室内设计中不可替代的重要组成部分，对现代室内设计的发展具有重要的意义。现代室内设计是使传统文化得到传承和发展的重要载体，两者的合理融合可以增强现代室内设计的民族特色，赋予室内设计生命力。传统文化和现代室内设计的融合，使现代室内设计更具鲜明的民族特征和文化内涵。

一、传统文化

（一）传统文化思想

传统文化是历经数千年的历史，形成、演变与发展而成的独特的文化体系，内涵丰富，是中国人民智慧的结晶。传统文化包含思想、道德、风俗、心理、文学、艺术、制度，以及价值观念、生活方式、思维方式、情感方式、心理特征等，是一切物质文化和精神文化多层次复合体的统一。传统文化对中国社会的发展有着极其深远的影响。在传统文化数千年的发展、变化的历史进程中，出现了儒家、道教、佛教，三者在相互融合中逐步形成了具有独特特征的文化类型，为传统文化的繁荣发展起到了重要的推动作用。

1. 儒家的文化思想内涵

儒家思想是传统文化发展的主流。尽管在先秦时，出现过百家争鸣的局面，但是到汉武帝之后，儒家思想作为中国古代文化的正统文化，一直影响并主导着传统文化的发展历程。儒家的哲学思想在不断完善和发展中形成了一套自己的理论，成为中国民族文化的主体。儒家的文化思想对中国传统室内设计理念的成长、发展都有着深远的影响。

（1）中庸思想

儒家思想主要以孔孟思想为代表，是一种哲学理念，其核心思想是中庸之道。中庸之道，即不论是在实施仁学、推行礼乐的过程中，还是在处理任何事情的时候都坚持中正的法则。儒家的中庸思想，也对室内设计产生了一定的影响。例如，在室内空间装饰设计中，太多的装饰会显得庸俗、太少的装饰会显得消沉，因此，合理的应用装饰会给人一种赏心悦目的感受。这也是中国传统室内设计中最基本的哲学理念。

（2）人与自然和谐统一的思想

儒家的哲学理念重视的是人与自然的和谐统一。例如，中国传统的"四合院"建筑以及中国古典园林中亭、台、楼、榭的设计，甚至是室内设计中把自然景物引入室内空间等，都是重视室内外环境、空间的联系与自然环境融合的表现。这种思维模式不仅成为室内环境设计理念的一部分，还能够促进人与自然的和谐统一。

2. 道家的文化思想内涵

道家文化以老庄的思想为主，是传统文化的主流之一。道家文化思想对传统文化的形成、发展起到了非常重要的作用。道法自然的思想是道家文化的主要思想内涵，强调人与自然和谐相处。道家的文化思想在文学、美学与艺术等领域都有所体现，对促进传统室内设计的发展有着极其深远的影响。道家文化思想不仅提升了室内空间设计的文化内涵，还促进了现代室内设计的文化理念。例如，室内空间中隔断的应用，通过将不同空间的装饰互相引入、渗透，达到彼此借景的目的，从而提升空间流动感，创造出室内空间虚实结合的意境美，或者利用建筑的门窗，将室外大自然的景色引入室内，提升室内空间的自然氛围，也可以在装饰材质上对原始、本色、质朴的等材料进行综合使用，创造出具有自然之美的室内环境。

3. 佛教的文化思想内涵

禅宗属于佛教文化，是其在东迁过程中逐渐产生的，并与传统文化相结合，是文化融合的产物，与儒、道并称为中国三大传统文化。禅宗以个体的直观感受和深思熟虑的思维方式为主，是在悟境之上达到的一种精神方面的超脱和自由。佛教思想以自由为主，即跨越自身的限制，使自身的潜能被充分发掘和不断丰富，使人本身达到一种至高境界。在禅宗的理念下，人的规定性越小则想象空间越大，也就是说人会产生更深的思考和想象的空间。佛教禅宗对中国的传统设计有着极其深远的影响。中国的佛教文化思想具有浓厚的审美观念和审美内涵。在室内设计中，佛教文化思想的审美以简约为主。例如，室内设计中应用含有沉静意蕴的色彩，或者接近自然材质的色彩，再结合白色来呈现，家具的陈设方面以简约、利落的特征进行组合，创造出一种闲寂、幽雅、简朴的室内意境，使人感受到室内空间的平静之感，满足人的精神需求。

（二）人文思想在室内设计中的应用

1. 追求崇尚自然的思想内涵

"人与自然和谐统一"的观念在中国传统建筑室内外环境中较常见。首先，中国的传统建筑与自然环境的结合是非常合理、巧妙的，能够呈现自成天然的氛围，以及不显山、不露水、自然美等鲜明特点。例如，环境中亭、台、楼、阁、廊、榭的设计与布置，或是在山顶，抑或是在水边，总之都因时制宜、顺水推舟、得自然环境之利，是整体环境中重要的部分。其次，在传统建筑环境装饰设计中，一些开敞或半开敞的空间景象较为常见。例如，运用檐廊空间造型，把原本密闭的室内环境通过引入了阳光、水景、绿化等自然因素，提升了室内空间环境的舒适度。最后，传统的室内空间在选材方面极其讲究，追求朴实、自然的室内环境。

2. 追求空灵通透的空间感

古人"崇尚宁静，主张流动"的哲学理念，后来，在传统建筑室内环境装饰设计中经过长时间的发展，转变为丰富的空间意蕴。首先，在空间形式上非常重视动与静、虚与实的关系。在空间处理方面，多应用"虚"的围合，并且在空间连接方面采用相互交叉、穿插、共享和包含等手法，形成了动静统一、虚实有度、开敞流通的空间形式。其次，在室内空间的布局方面，非常重视空间之间的通透性与流动性。例如，在室内空间的分隔方面应用园林的借景手法，既可以使建筑本身通过门窗将室外的自然景色引入室内，也可以将室内空间的隔断应用空透式分隔的手法进行空间分隔，甚至可以运用格扇、罩、屏风、帷幕以及博古架等物件作为隔断，以此创造虚实相映、相互渗透的室内空间环境，给人一种"似隔非隔、似合非合"的视觉感受，实现彼此借景，从而提升整个室内空间的流动性和开阔性。

3. 追求等级观和规律

以礼为中心的规则是传统文化的主要内涵之一，在传统室内环境装饰设计中其内涵的呈现尤为显著。首先，在传统室内空间中应用正方形、矩形、圆形、六角形和八角形等几何图形。这些图形的特点是具有规律性，其造型要素能够充分呈现中国人追求圆满、重视等级制度的思想理念。其次，在室内空间布局和家具摆放方面也有着相应的讲究，主要以对称、均衡的原则为主，重视整体空间要以轴线贯穿，且家具摆放主要在室内空间的轴线上。这种排列方式具有端庄、稳重的特点，既与中国人的中庸之道相符合，又呈现出传统文化的伦理思想。最后，在室内空间的大小、布局、构造、材料和色彩等方面，强烈的等级制度都有所体现。

4. 追求含蓄的人文精神

传统文化的内涵主要包括含蓄、隽永和优雅，其在传统室内环境装饰设计中的体现特点是不外扬、不显露，是一种含蓄的审美表现。首先，传统室内空间极其重视空间的层次感，在空间处理方面以创造一种宁静的空间氛围为主。其次，在传统的室内空间中应用一些字画等艺术品作为装饰，可以提升室内空间设计的美感，创造具有文化艺术气息的室内空间。最后，传统室内空间对细部装饰也极其重视，在细部的装饰和处理方面，主要运用表面彩绘、雕刻和镶嵌各种吉祥纹样等方式，提升整体室内空间的视觉效果，使人心情舒适，满足人的精神需求，含蓄的表达人文情感，创造出一种"图必有意，意必吉祥"的文化意蕴。

二、传统文化与室内设计

由于经济全球化导致全球的设计趋同，中国的现代室内设计也受此影响，民族性、地域性的特征正在不断淡化。因此，传统文化在室内设计中必须要得到传承，提升室内设计的文化内涵，设计出符合时代特征的作品。此外，设计师要对传统文化与现代室内设计的合理结合深入研究，突破这一难题。重视本土文化、传承历史文脉，是当今设计师的重要任务。如果舍弃了本民族的传统文化，就不会使室内设计的发展道路更加广阔，因此，要把传统文化合理地融入设计作品。不同的民族，含有的传统文化是不同的，并且不同民族的室内设计都是在该民族传统文化的影响下发展的。中国含有的文化底蕴极其深厚，是中华民族的宝藏，是设计师创造室内设计作品的灵感的重要源泉。现代室内设计需要传统文化的指引和完善，设计师需要把设计中的文化内涵呈现，形成含有传统文化内涵的设计作品。传统文化在室内设计中具有深刻的影响，传统文化既能丰富室内设计的文化内涵，又能以室内设计为载体而不断传承。

（一）以室内设计呈现传统文化

室内设计是整个社会文化的重要组成部分。每个时代的室内设计都是受当时文化背景的影响而发展的，且与文化的关系非常紧密。不同时代下的室内设计，呈现的审美观念和设计观念都是不同的。每个时代都有独特的文化面貌，不同的时期，文化呈现亦是不同的，审美观念也有一定的特征。这种独特性于建筑、室内、城市建设、工业产品和工艺品等设计领域的发展有着推动作用。文化以内容呈现，设计以形式呈现。人们对设计的表达，是在经验的积累下对印象的加工、提炼，就形成了室内设计的语言。因此，历史意蕴丰富的设计，也是设计中含有的历史性。

（二）传统文化对室内设计的影响

室内设计是在传统文化的影响下发展的。不同国家的传统文化，都呈现独特的地域性特征，室内设计的产生均受到该时期的影响。此外，室内设计师在传统文化方面深入研究，促使设计语言、表现手法提升，转变认知思维、审美观念。这使设计师能在进行室内设计时呈现和谐的设计作品，表现出设计的民族性、地域性。例如，质朴的艺术造型、精巧的装饰纹样、丰富的吉祥语言等，都是室内设计中传统文化的呈现，以此传承丰富的民族文化。

传统文化有着深厚的文化底蕴，对中华民族的物质形态、生活方式、思维方式以及审美观念等，都有促进作用。传统文化对室内设计的发展和创新，都有着重要的影响。主要是从室内设计的形式、原则、评价，再到设计师与客户的沟通方面呈现。例如，传统的室内与室外的设计理念，都重视人与自然的和谐统一，在和谐发展的思想观念下，设计出优秀的室内设计作品。此外，传统的室内布局、装饰，都含有礼法，呈现的是长幼尊卑、等级观念、伦理制度，使室内设计形成空间上的动与静、虚与实，创造出与自然相统一的室内空间。在室内空间的层次感与细部装饰方面来看，都受到当时的文化的影响。室内设计与传统文化的合理融合，是促进现代室内设计发展的重要途径。设计师要以传承传统文化为自身任务，设计出富含文化意蕴的作品。

总而言之，传统文化对室内设计的发展起到重要的促进作用，并且室内设计是传统文化的传承载体。传统文化是精神与文化的结合体，并与室内设计的发展方向相统一。室内设计是在满足人们精神需要的基础上发展的。社会的进步促使人们的生活水平提高，人们在物质得到满足的状况下，自然而然地重视起精神满足。传统文化与现代室内设计的合理结合，是室内设计能够更好地发展的重要因素。此外，设计师需要提升自身对传统文化的认知，不断传承和发展传统文化。传统文化与室内设计的关系极为密切，设计师要培养自己在进行室内设计时把传统文化合理结合的能力，因此，需要设计师不断的探索和挖掘二者的融合方式。只有设计师将传统文化的精髓与现代室内设计合理结合，才能促使传统文化不断创新，才能设计出符合人们需求的室内设计作品。

三、传统文化在室内空间设计中的表达方法及设计原则

（一）传统文化在室内空间设计中的表达方法

文化在室内的表达方法以物化的形态为主。例如，以物作为某一种社会属性的象征、意向，或者是通过室内格局分割呈现用户的审美观念。

1. 现代室内空间设计的文化内涵

文化内涵，是在文化程度的物象方面所体现。在现代室内设计中合理融入传统文化，是发展室内设计的重要方式。传统文化在室内空间的墙体、地板和摆件方面都能体现，也是设计师进行设计和提升自身水平的重要途径。

2. 创新与传承的方式

传统是指由过去到现在的东西。传承传统，是把过去的和现在人们常用的东西进行艺术化而形成的独特的东西，即创新。例如，现代社会的人们对清雅的室内环境非常向往。此外，他们也会在室内悬挂中国结，以此呈现团圆、团结的寓意，营造室内空间喜庆祥和的氛围，即传承。甚至有一部分人，虽然不在墙上悬挂中国结，但是会以抽象形象呈现中国结，即符号。此外，将这些富有象征寓意的符号，以手绣式的淡粉墙纸进行设计，在除去大红色彩下，提升符号与室内设计的结合成效，能够使整体风格富有变化，保留民族文化的特征，促进室内设计的创新发展。

（1）传统工艺与现代工艺

中国的传统工艺也是室内设计的重要组成部分。以传统工艺的内涵来看，呈现的是民族性、地方性。传统工艺主要分类为金属、陶瓷、漆器、雕塑工

艺、织绣和编织六种。随着时代的改变，传统工艺经过不断发展，形成了一种独特的风格，在传统文化的影响下，以一种独特的形式出现在人们的生活中。中国的传统工艺历史悠久，并且类别多种多样，是中国独有的文化宝藏，其内涵丰富、色彩鲜明。这些特征不仅是民族特征的呈现，也是拓宽现代室内设计发展的重要部分。

传统工艺美术有着独特的寓意，且在生活中常出现，有工艺美术的地方，就会收获极高的关注度，这也是工艺美术与环境合理结合的结果，工艺美术也通常用于现代人在描述生活、感受生活、传达情绪当中。当今社会，人们丰衣足食，这使人们更热衷于追求精神方面的满足感。人们对精神和美学的追求，经常被用作进行工艺设计的灵感，在室内设计、装饰等社会空间，都有艺术的成分。

（2）传统色彩与现代色彩

中国的等级制度也在传统色彩方面呈现。不同等级的建筑，应用的色彩是不同的，这也是更好区分建筑风格的一种方式。例如，华丽、古朴的风格，应用的色彩是能赋予建筑豪华、大气的色彩。宫殿祭祀的坛庙就是应用彩色进行装饰，以呈现建筑的华丽之感，应用金色、大红色提升建筑的巍峨感，营造建筑金碧辉煌的氛围感。金色是暖色调，应用在建筑中，可以营造一种温暖。明亮的氛围，并且与冷色调的建筑正好相反。设计的时候，通过将门、檐应用金色勾画，使裙板、门边、叶角更好地被装饰，再把斗拱等彩画应用金色绘制龙纹、描勒边线，从而提升建筑整体金碧辉煌的氛围感，给人一种富丽堂皇的视觉感。此外，民间建筑的室内、室外均只能应用灰白褐三种颜色，不能用皇家常用的红金两色。

在中国古代，重彩与淡雅是两种非常独特的风格。从风格来看，两种颜色的差异非常大，从色彩形式来看，两种色彩几乎没有差异。因此，室内设计可以通过协调颜色突出视觉感，这也是设计师需要克服的重点。不同的色彩带给室内空间的风格是不同的，色彩的合理搭配才是满足用户色彩需求的方式。古代的红墙、朱门、金黄屋顶、青砖、绿瓦，这些都呈现着色彩的合理应用，色彩组合的冲击感能满足人们的精神需求，同时，这些色彩的搭配形式也被设计师应用在室内设计中。例如，金色被应用在华丽的建筑中，红色被应用在喜庆的环境中。此外，传统的坡白瓦青呈现的是古朴淡雅的视觉感，这也是现代室内设计中颜色的应用方式之一。

(3)传统材质的拓展与更新

中国的传统建筑，其结构组成的手法历史悠久，主要以木作为结构材料。在古代，中国的建筑水平非常高，是世界六大古老建筑风格之一，以独有的造型风格、特殊的文化底蕴在世界闻名。从唐宋到明清，其发展和变迁使木构架建筑逐渐形成一个完整的定型机制，富含现代建筑的框架体系。中国悠久的历史，使室内设计受到了传统木质材料的影响，从而营造出更好的室内设计作品，使室内设计具有丰富的变化，促进了室内设计艺术的发展。这种结构体系，在当时是领先世界的，是室内空间设计自由性的呈现，在单一的建筑形式转变后，形成了具有文化底蕴的设计理念，使室内空间呈现一种动静结合、内外统一的氛围，充满灵性。中国的传统木质结构，是组织与分隔室内空间的重要材料，呈现了极高的艺术性。目前，传统木质结构的地位依然很高，并具有强烈的生命力。

3. 自然的审美观念

儒家重视人与自然的和谐统一，道家重视道法自然，佛家重视冥想中的思想自然。这三大文化对人与自然的和谐都非常重视。自然是人最舒适的状态。因此，营造一种自然的室内空间氛围对人的影响是非常大的。自然就是最美，这也是人最基本的审美观念，是人在历史的进程下沉积而成的传统观念。要想营造室内空间的自然氛围，就需要提升对自然的了解，具有自然氛围的室内空间，能够放松人的身心，使人的精神得到满足。例如，室内空间中应用的小石子，就是源于自然，或者在玄关通道、电视墙方面，结合与刚出炉的砖块相似的元素进行设计，没有石灰和涂料也依旧能提升室内空间的氛围感。这些天然性的装饰，能够使室内空间具有自然的氛围。

目前的室内设计，不仅需要满足人们的日常生活，还需要满足人们的精神需求。根据风格、色彩、装饰等多个方面发展室内设计，可以满足用户的需求。室内空间的风格可以影响人的感受，自然意蕴的设计风格，可以提升人们对环保的重视，满足人们对环保生活理念的认知，促进设计与自然的和谐，展现以人为本的室内设计理念。例如，在室内摆放对人有好处的绿植等，可以起到室内空间与自然相统一的作用，不仅美化了室内空间，还能陶冶人的情操。在室内空间应用水景进行装饰的时候，设计师不仅需要考虑用户的感受，还要考虑室内空间整体的美观性。在室内空间应用人造景观呈现自然氛围时，设计师需要考虑摆放的位置是否合适，会不会影响用户的行走。在室内空间应用采光时，设计师需要在保持采光效果好的情况下满足用户的视觉感，避免亮光过于刺眼，导致用户的眼部受到伤害等。

总之，把自然元素融入室内设计，设计师既需要补充自身对心理学、美学、环境学和人体学的认知与理解，还需要不断地进行研究，从而更好地掌握这些知识。在符合人体生理特征的基础上，设计出健康、独特的室内空间。

4. 传统功能布局与现代功能布局

以前的人们，在室内空间中的装饰上没有更多的选择，以一家人居住在一起，或者完全独立的形式生活。在现代，人们的生活水平得到了提升，这使得人们更加注重居住的环境，对室内空间的每个部分的联系要求极高，也更加重视个人的隐私等。要想使室内设计的结构能够满足用户的需求，就需要设计师们重视"以人为本"的设计理念。随着全球化的发展，人们对满足自身的精神和物质的需求非常重视，由此，室内设计的风格也逐渐增多。以人为本下的多元化设计是室内设计发展的重要途径。室内空间是为满足人们不同的生活和居住的需要而存在的，因此，要在"以人为本"的基础上提升室内空间的舒适性和方便性。此外，科学技术使更多的家庭日常生活更加便捷，这也是对室内空间设计的一种新的挑战。以前的一些布局规则随着人们生活方式的改变而发生变化，因此，现代室内设计要与日益提升的生活品质同向而行，这样才能创造出舒适轻松、自然健康、方便快捷的生活居住环境。

5. 软装饰的合理搭配

就目前来看，传统的软装饰风格被更多地应用在室内设计中，也是室内装饰的新生部分，对室内装饰的发展有促进作用。传统软装饰是传统与现代的混合设计，这种设计手法能提升室内设计的生命力，使室内设计具有丰富的文化内涵。要想将传统软装更好地融入现代室内设计，设计师需要对设计原则进行掌握，并对现代室内设计加强创新、探索。室内设计中的视觉中心对整体的室内氛围起到重要的影响，只有对视觉中心合理掌握，才能营造出

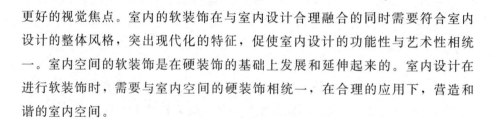

更好的视觉焦点。室内的软装饰在与室内设计合理融合的同时需要符合室内设计的整体风格，突出现代化的特征，促使室内设计的功能性与艺术性相统一。室内空间的软装饰是在硬装饰的基础上发展和延伸起来的。室内设计在进行软装饰时，需要与室内空间的硬装饰相统一，在合理的应用下，营造和谐的室内空间。

（二）传统文化在室内空间设计中的设计原则

1. 以人为本的设计原则

室内设计中以人为主的理念需要得到弘扬，是促进现代室内设计和谐发展的重要理念，甚至是在全世界的室内设计中也同样适用。从斯堪的纳维亚的设计风格，到欧洲的古典人文主义的设计风格，都以人文主义为主。此处的人文主义即"以人为本""以文为本"，而且室内设计的传统软装饰就包含了这两个方面的内容。软装饰符合人们的装饰需求，既能满足人们的精神需求，也是一种新形式的装饰风格。在进行室内空间的软装上，所应用的设计理念一定是"以人为本"的。另外，传统软装饰呈现的既是传统文化的内涵，也是古代文化的表现方式，更体现出"以文为本"的理念。因此，"人文主义"是室内设计的核心理念，也是室内设计和谐发展的新趋势。

2. 价值经济的设计原则

生活水平的提升，使人们更加注重自身的精神需求和物质需求，经济价值逐渐影响人们的价值观念。由于供方不断地扩大生产，需方不断地索取，使利益更加突出，室内设计的内涵逐渐淡化。就目前的现代室内设计而言，所含有的设计意蕴和理念正在被转变、替代，由原来的富有文化意蕴的设计转变为人们用于消费的途径，只在增加消费的前提下进行，因此，这是一种过度追求价值的行为。价值经济文化呈现的是消费和对利益的追求，可以用来判定设计作品的优劣。室内设计本身就深受价值经济的影响，这需要设计师对价值经济正确看待，以此加强室内设计的发展。

目前，现代社会全球化发展，虽然西方的文化思潮冲击着中国的传统文化，但中国人民经过传统文化的洗礼，由此在面对西方文化的冲击时，能够站稳脚步。

要想把室内设计发展得更好，就需要对室内设计进行深入的探究，在坚持与自然和谐相处的前提下，不断的发展和创新室内设计，这要求设计师对各种问题、需求都进行优化，在最好的设计手法下创造出符合用户需求的设计作品。此外，一些过度追求价值经济的行为也要避免，要坚持健康的室内设计观念。室内设计不仅可以满足人们对物质的需求，还可以满足人们的精神需求，这需要设计师不断提升自身的设计能力，创造出具有抚慰人们心灵的设计作品，突出室内设计的文化内涵，满足人们的精神需求。面对社会上的经济价值，设计师应该做到正确对待，不能在利益的诱惑下创造作品，要把握时代脉搏，在符合时代发展的前提下进行创新，要吸收传统文化的精髓，创造出富含文化意蕴的室内空间。

3. 感官美学的设计原则

传统文化本身就具有深厚的民族性，这与感官美学有类似之处。感官美学是人们在生活和实践中形成的，不同的民族所呈现的感官美学是不同的，这种独特的感官美学是抵御外来文化冲击的重要文化。由此，设计师在进行室内设计的时候需要考虑感官审美，对于不同的室内风格配以合适的感官审美，把室内设计与传统文化合理融合，提取传统文化的精髓，设计出具有民族意蕴的艺术作品，彰显民族文化。

就目前的室内设计来看，大多数的设计作品都呈现相似的特征，导致人们的审美出现疲劳。面对这种情况，人们重拾传统文化。西方的设计在感官美学方面注重个体美，即个体性、新颖性，中国的传统感官美学注重的是事物的整体性，强调和谐统一，这是受到传统文化影响的原因。就这方面来看，现代室内设计与传统文化合理结合，是提升现代室内设计文化内涵的重要途径，是拓宽现代室内设计发展的重要方式。传统文化融入现代室内设计能使室内空间具有自然之美，呈现极具文化意蕴的室内空间。

4. 可持续性的设计原则

当今时代，科学技术的快速发展使人们的生活质量提高。人们对室内装修所应用的材料也更加注重，面对社会上新型材料的涌现，对人体危害小的装修材料才是真正受人们欢迎的。有些含甲醛超标的家具不仅会大量释放甲醛，还会使人的身体受到伤害。面对这种情况，需要设计师对家具深入了解，在进行室内设计的时候选取对人体危害小的家具，可以选用自然无污染的家具，坚持绿色设计理念，避免污染材料被应用，同时精准采购材料，避免材料滥用。此外，室内的软装饰需要选择自然无污染的材料，避免对人体造成危害，尤其是污染气体零排放的环保材料，是用于室内装修的好选择。设计师不仅是在进行室内设计，也是在维持生态的平衡，要在以人为本的前提下进行室内设计，创造出绿色、生态的室内环境。

所谓绿色设计是指在设计前后，以及使用过程中都最大限度地维持生态的可持续性，既满足产品的实用性，也具有环保的特性。"以人为本"的设计理念就是绿色设计中的一种，是确保人与自然和谐相处的设计理念。绿色设计对于中国的室内设计而言是非常重要的理念，绿色设计与人性化相结合，是促进人与自然和谐相处的重要方式。绿色设计能满足人们对自然环保理念的追求，是对自然合理利用，使人们回归自然的重要设计理念。

四、传统文化在现代室内设计中的应用与创新

（一）传统文化在现代室内设计中的应用

随着社会的不断发展，中国的经济和城市化正在逐渐加快，人们的需求也越来越多，对自身的物质和精神上的满足特别重视。这使室内设计不只是满足人们日常生活的实用性设计，还是人们对自身的精神获得满足的重要媒介。面对这种情况，需要设计师对室内设计进行深入探索，汲取传统文化的内涵和精华，把这些元素融入室内设计中，创造出具有文化意蕴的设计作品，使人们的精神获得满足，展现出现代人的生活品质和审美观念。当今社会经济全球化，西方文化不断冲击着中国的传统文化，因此，更需要设计师认可和弘扬本民族的传统文化，面对外来文化的冲击，要坚定的守护中国的传统文化。设计师在进行室内设计的时候，可以将传统文化的精髓与室内设计合理结合，创造出富含传统文化意蕴的室内设计。

1. 传统文化在现代室内设计中的应用原则

（1）适中原则

设计师对待传统文化需要不断的探索、研究，从而挖掘出与室内设计相

符合的文化元素。中国的传统文化包含"中庸"原则，是以客观实际为基础，公正的对待事物。此处的"适中"原则，是指重视整体的协调发展，在这个的基础上从多方面进行思考，寻求有利的解决方式，构思出最适合的方案与途径。

就目前的室内设计而言，虽然受到西方文化的冲击，但是人们也依然有坚守中国民族传统文化的决心。中国的"中庸"思想常在人们的日常生活中出现。在时代共同发展的前提下，适中原则是维持整体和谐统一的重要原则，在面对实际的情况的时候，能选择正确的解决方案。人们对于室内设计的要求更注重自身的审美感受，设计师需要在实际的情况下结合传统文化进行室内设计，杜绝只为追求风格而进行设计，应当使设计出的作品具有文化的内涵，以此满足人们对崇高精神的向往，不断创作出与自然和谐相处、富含文化内涵的室内设计作品，赋予室内空间独特的文化意蕴和特征。如此这般，才能使室内设计健康的发展。

（2）整体原则

中国人对事物的思考总是以全面为基础，这是人们刻在骨子里的思维方式。就现代室内设计来看，要想室内设计发展得更好，就需要设计师不断提升自身的能力，拓展自身对室内设计的理解，拓宽视野。设计师在进行室内设计时，要掌握好不同的室内空间的设计原则，营造和谐舒适的室内空间。室内环境设计是重要的部分，需要多方位的考量，合理地应用元素进行设计。设计师要对室内光照、色彩和材质选用等进行研究和探索，运用合适的手法，创造出符合时代发展的室内设计作品。从室内物理环境设计方面来看，家具、陈设、构件、装饰、绿化等都需要设计师掌握以及合理安排，使室内设计不仅具有时代性，还有实用性和人文内涵。传统文化对室内设计的发展影响巨大，是促进室内设计发展的重要文化。因此，需要设计师对文化元素进行解读，从而更好地应用传统文化元素，在整体原则下，打造与自然相统一的室内空间。整体原则是设计师把握室内设计中的设计元素，考虑具体要求、综合整体，从而达到协调统一的最佳状态。现代室内设计的发展需要以整体性为原则进行设计，在这个理念上提升用户的舒适度，才能创造出功能合理、舒适优美满足人们物质生活与精神需求的室内空间。

（3）以人为本原则

从中国室内设计的发展方向来看，设计理念坚持的是"以人为本"，即在进行室内设计时，始终把人的感受作为首要思考的问题，在满足人的需求上进行合理的室内设计。人们对室内环境的感受非常敏感，不同的室内环境给人不同的感受，设计师需要了解人们在室内环境中的感受，不断提升自身对室内环境的感知能力，从而创造出符合人们感官需求的室内空间。人的视觉、味觉、嗅觉和触觉等，都会感知室内空间的环境和氛围，因此，这需要设计师充分考虑室内环境的各种要素，掌握好各元素与室内环境、室内环境与人之间的协调性，使设计出的作品既满足人们的生理需求，同时也满足人们对精神感受的追求。此外，还需设计师掌握实用性、技术、经济和美观等问题，这样才能设计出既有实用性也有民族特征的室内空间。

2. 传统文化在现代室内设计中的应用方式

（1）应用方式之借鉴传统文化思维

传统文化的内涵深厚，其中儒、道、佛三家的文化思想也包含在内，对事物的自然统一非常注重，崇尚人与自然的和谐统一。后来，逐渐发展为中国独有的思想理念。从意向思维方面来看，传统文化富含的意象思维是对艺术创作的提升。意象思维的内涵是创造性。例如，中国的传统建筑，在布局上重视"对称"的格局，以及传统的室内设计重视"隔断"的应用及造型等，所呈现的正是传统文化的内涵，即和谐统一的思维方式。对于现代的科技发展而言，这种与自然和谐统一的理念正是促进中国科学技术可以持续发展的重要理念。对于现代室内设计而言，这种理念是促进室内设计不断发展的要点，是符合人们潜意识的理念。因此，这需要设计师对设计的理念进行深层次的认知，对设计的方式和方法进行创新，构建思维与人之间的桥梁。设计师在进行室内设计时，需要在自己创作的作品中注入自身对艺术的理解，也可以融入传统文化的内涵，把传统文化的思想观念与室内设计合理结合，从而创造出既符合时代特征，也满足人们精神需求的艺术作品。

（2）应用方式之借鉴传统文化神韵

从中国传统艺术来看，其过程呈现的是对意境的追求，包括绘画艺术、雕刻艺术、书法艺术、建筑艺术、园林艺术等。"意境"是指中国传统艺术所追求的一种艺术境界，以艺术审美为主体，内容丰富多彩、意蕴深远。例如，在中国传统的室内设计中，应用的框、显、遮、借等手法，或者应用精致、精美的落地罩、屏风、博古架等，对空间进行划分，突出空间层次之美。此外，中国传统的室内设计也具有一定的独特性。例如，室内装饰沿用明清家具、艺术品、工艺品、书画作品等，烘托室内空间明快、淳朴的艺术氛围，将美学与实用性相融合，呈现古人对审美的解读。在室内空间中，处处都能体现传统文化的意蕴，室内空间的布局、家具的陈设都彰显着传统文化的特征。因此，设计师在进行室内设计的时候，需要深度了解民族文化的内涵，并在此基础上融入自身的设计思想与时代文化，创造出满足现代人需求和审美的室内设计作品。就目前的室内设计而言，由于西方文化对中国传统文化的不断冲击，导致国内的文化呈现多元化，在这种情况下，需要设计师对传统文化深入研究，探索出传统文化与室内设计的融合方式，引入和融合传统文化的精髓，使中国的室内设计在文化的冲击中发展得更好。

（3）应用方式之借鉴传统文化符号

中国的传统文化是历经时代后形成的文化精华，其中所包含的图形和纹饰正是源自人们的日常生活。图案的种类繁多，包括传统象征意蕴的、类比意蕴的和传统图腾。这些都是传统的文化符号，在时代的发展下早已具备了深厚的文化内涵，对当今文化的发展具有重要的意义。这些传统的文化符号是可以应用在室内设计中的，这需要设计师在合理的方式下将传统文化与现代室内设计相结合，把现代室内设计作为载体，呈现传统文化的内涵。二者的融合方式可以是以下两种。第一，把传统文化的精髓和内涵直接应用在室内设计中，并做加工，在现代的科学技术下，推动室内设计的发展。第二，把传统文化元素之间的关联拆解后重新组合，在创新的基础上促进室内设计的发展。设计师在进行室内设计的时候，需要把传统文化的符号加以应用，在提升传统文化符号的价值上促进室内设计的发展，将现代与传统相结合，拓宽现代室内设计的发展途径。设计师不能为了设计而设计，不能丢弃室内设计的文化内涵，这样才能设计出具有文化底蕴的室内空间。

（二）传统文化在现代室内设计中的创新

传统文化与室内设计的合理融合是室内设计的发展方向，把传统与现代合理结合，是古为今用、推陈出新的重要途径。当今社会，科技的快速发展给了设计师充足的设计条件，不仅满足设计需要的文化内涵，还满足设计需要的装饰材料。科学技术的产物之一就是计算机，其产生与应用从整体促进了现代室内设计的发展，给室内设计增添了新时代的特征。从现代室内设计的现状来看，装饰手法与装饰风格丰富多样，因此，设计师在进行室内设计的时候，还需要把中国的传统文化融入其中，以提升室内设计的文化内涵，起到唤醒人们的文化意识的作用。设计师要想创造出具有中国文化之美的现代室内设计作品，就需要不断地对传统文化进行研究，在以人为本的前提下创新现代室内设计，使用户感受到传统文化之美。此外，传统文化之美是源自中华悠久的历史，经过沉淀后形成的中国独有的文化之美。

设计师在进行室内设计的时候，经常会把美观性与功能性合理结合，这样设计出的室内空间既具有实用性又具有美感。中国传统的室内设计，在设计方面讲究的是对称原则，主要体现室内空间装饰等的对称性。传统的中式设计讲究色彩的应用，经常应用朴素、稳重的色彩进行装饰，并且选用典雅、质朴的木材。将传统的中式设计的优点应用在现代室内设计中，可以借鉴对称均衡的设计特色，从而提升用户的视觉感受。对于传统中式的设计理念，可以在创新后应用在现代室内设计中，例如，在进行室内设计时，可以通过应用饱和度高的颜色进行装饰，避免应用朴素、稳重的颜色而带来的沉闷感，以及在选用材质的时候，合理地选用现代材料，如玻璃等都是用于室内装饰的好材料。此外，设计师在进行室内设计时，需要在转变和创新以上特征和应用手法的基础上，还要拓宽自身的视野，放松自身的心态，以理性和正确的心态对待室内设计和发展现代室内设计。

传统文化与现代室内设计的结合、创新是设计师必须要研究和突破的重要问题。当今时代，都市化色彩浓厚，设计师在日常生活中需要留意、观察，在细节处发现创作的灵感，并且敢于创新，这样才能促进传统文化与室内设计更好地发展。

第四节　现代室内设计的发展趋势

中国的室内设计已经进入了创新阶段，为适应城乡公共建筑和住宅建筑大规模兴建的需要，室内设计近几年迅速成长起来，取得了飞跃发展，度过了模仿东、西方传统室内设计和西方现代室内设计的时期，逐步走上了创新之路。从近几年建成的工程及各类展览、评奖的作品中可以看出，一方面，很多作品科技含量比较高，使用新材料，采用新工艺，创造了室内新的界面造型和空间形态，达到较佳的声、光、色、质的匹配和较佳的线、面空间组合和空间形态，给人耳目一新的感受和鲜明的时代感；另一方面，从一些作品可以看出设计师对传统文化和现代文化的融合进行了较为深入的研究，通过艺术语言综合、重构，使简练的室内界面及空间形态蕴含了较深厚的文化神韵和意境。

一、走生态设计、绿色设计的发展之路

现代社会环境问题已变得尤为突出，因此，绿色设计应运而生。绿色设计就是以绿色技术为原则所进行的产品设计，即在产品整个生命周期内，着重考虑产品环境属性，包括可拆卸性、可回收性、可维护性、可重复利用性等，并将其作为设计目标，在满足环境目标要求的同时，保证产品应有的基本功能、使用寿命、质量等。绿色设计也被称为生态设计（Ecological Design）、环境设计（Environment Design）等。其基本思想是，在设计阶段就将环境因素和预防污染的措施纳入产品设计之中，将环境性能作为产品的设计目标和出发点，力求使产品对环境的影响为最小。"绿色设计"的产品来自设计师对环境问题的高度认识，并在设计和开发过程中运用设计师和相关组织的经验、知识和创造性结晶。

从某种意义上来讲，人们总是习惯发现问题，然后解决问题，而很少去预防问题的发生。对待环境，我们要走在问题发生的前面，因为一旦破坏了环境再如何补救也无法再回到原样，绿色设计是手段，而不是目的，人们更

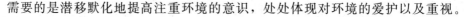

需要的是潜移默化地提高注重环境的意识，处处体现对环境的爱护以及重视。

绿色环保意识已经成为普遍观念不消多说，在未来会更为高涨，绿色设计将成为未来室内空间的重要设计目标。因此，建材及家具材质的应用，应予以环保考虑，达到减量、回收、再生、重复使用等的设计要求。当前，绿色设计思想已经成为设计的主流，这是顺应促进社会可持续发展的时代要求，也是未来室内设计的发展趋势。

二、走多元复合空间设计之路

随着社会经济的不断发展，人们消费水平的不断提高，现代社会的发展使室内设计面临的课题越来越复杂化，城市化的进程，城市人口快速增长，建筑发展与城市之间的用地问题是突出矛盾，特别是交通流线因素导致的用地紧张，对建筑、室内空间设计也提出了更多的需求。商业环境的综合化发展，空间功能的不断集聚，逐渐涌现出大量的商业综合体建筑，使得复合功能模式的商业空间应运而生。

现阶段商业购物空间越来越成为人们休息、放松、娱乐活动的选择空间，作为环境设计也越来越考虑这种倾向，满足顾客多方位需求，其购物环境和娱乐、休闲、健身、视听等商业环境相互交叉、交融，组成多变复合型商业空间环境，更多商业空间拥有国际创意中心写字楼、商务大公馆、休闲购物商业三种物业形态的大型商业复合体。一是百货公司购物中心化，购物中心百货公司化。二是各个独立店复合化，像电影院除了传统的放电影之外，也可以做产品发布会，开派对。从餐饮的形式来看，从烤面包卖咖啡到供应餐点，到晚上开派对，在这个空间里面都可以处理，它几乎是一个 24 小时的复合式餐饮空间，这也是一个未来的走向和趋势。

商业购物环境随着社会发展将是一种多变的空间形态设计，商业环境要本着不断更新的观念，以超前的眼光来引导城市商业空间环境设计新潮，从而推动商业环境向更有序的方向发展。

三、增强创新精神，重视历史文脉

纵观历史上各种风格的兴起和衰败，都表现出人们时刻在追求一种与当时不同的新风格的努力和尝试。正是这种渴望指导人们从多种途径去寻找新灵感的来源。有的从过去传统建筑的权威中寻找新灵感；有的用某种功能的比拟来避开这种权威；有的以理性为依据，依靠对旧构造部件的挑选来获得新意；还有的从其他的艺术门类那里寻找某些新灵感的来源。

21世纪，是一个经济、信息、科技、文化等各方面都高速发展的时期，人们对社会的物质生活和精神生活不断提出新的要求，对自身所处的生产、生活环境的质量，也提出更高的要求，怎样才能创造出安全、健康、适用、美观，能满足现代室内综合要求、具有文化内涵的室内环境，这就需要我们从实践到理论认真学习、钻研和探索这一新兴学科中的规律性和许多问题。室内设计固然可以借鉴国内外传统和当今已有设计成果，但不应是简单的"抄袭"，或不顾环境和建筑类型性格的"套用"，现代室内设计理应倡导结合时代精神的创新。

文脉从狭义上可理解为历史上所创造的生存的式样系统。关注室内设计的历史文脉，是在室内设计中注入相应的文化内涵，从传统文化、地方化、民间化的内容和形式（即文脉）中找到自己的立足点，注重设计与文化之间的关联和脉络，试图恢复原有地域的秩序和精神，重构失去的历史结构和文化。

综观近年来我国室内设计师的作品及其所折射出的设计思想，可以发现，当代室内设计在诸多方面呈现出建筑装饰作品与历史、文化、技术、信息和艺术的有机结合，体现出鲜活的或扬或抑的个性与创新发展等多元化特征。将传统室内设计风格运用在现代空间里继承和创新是当代室内建筑师努力探求并在实践中不断提升的基本创作思想，也是未来室内设计的发展趋势。

在中国传统中，无论是空间设计，还是家具设计，更多注重精神享受。物质享受生活的观念，是从西方传播过来，对当下的中国设计师而言，如何在现代的语境下，提炼中国传统的精神，把有味道的感觉融入到空间中去是我们面临的问题。中国传统的建筑都不太夸张，除非比较特殊的宫殿等建筑，讲究的是舒服。中国的传统符号，是我们从小就耳濡目染的，作为一个中国的设计师，在设计的时候，不能够无视这些传统符号，但也不能够将其运用得泛滥，要运用得恰到好处，把中国的精神表达出来。

　　在设计中我们既要否定现代主义片面反对传统和装饰的做法，又要反对忽视甚至损害使用功能的矫揉造作，我们要以"包容性"和"多元性"的观念代替"排他性"和"一元性"，从诸多方面来丰富室内设计的语言，把各种有益的东西糅合在一起，使我们的设计思维有更大更广的弹性与空间。

第二章

传统文化在现代室内设计的表现

第一节 传统文化的视觉符号阐释

现如今，社会的发展使人们的生活水平得到了提升，从而使视觉传达设计能够更好地发展。此外，传统文化是中华五千年历史的积淀，应用在现代室内设计中能够提升现代室内设计的文化意蕴，提升室内设计的表现力。传统文化符号就是传统文化中的一部分，是具有深厚的历史底蕴的传统符号，应用在室内设计中能丰富室内设计的风格，激发用户对传统文化的感应。对视觉传达设计的研究是以结合传统文化符号为基础进行的，以此探析传统文化符号在视觉传达设计中的应用方式，从而促进现代室内设计的发展。

在当今时代，社会的不断发展出现了文化的多元化，面对这种情况，需要设计师对室内设计进行探索和创新，在结合传统文化符号的基础上对室内设计的发展道路细细摸索，最终发掘现代室内设计的发展之路。

一、视觉传达设计的内涵、特点

（一）视觉传达设计的内涵

时代的不断发展，使视觉传达设计这种新型平面艺术设计的含义、作用更加广泛，其中就包括多媒体和展示等设计。从视觉传达设计的内涵，可以看到设计是以达到目的而创作的作品，也是一种通过图形和文字传达到用户视觉感受的设计。视觉传达设计是设计的一种，主要以给人强烈的视觉感为主，这种设计的特点就是专业性强，是专攻室内装饰的设计。因此，对视觉传达设计师的专业性有非常高的要求，设计师需要了解符号学、美学、历史学、绘画学等多种学科的知识，在此基础上还需要不断发展自身的设计能力，提升自身的知识储备，发掘对设计的灵感。此外，设计师需要应用这些学科的知识进行视觉传达设计，以丰富的设计元素完善空间的整体视觉感，提升用户的居住体验。不只如此，视觉传达设计的应用非常广泛，例如，广告、产品的包装、店面的设计等，这些都需要视觉传达设计师进行设计，以此提升人们的视觉冲击力。

(二)视觉传达设计的特点

设计是一种具有创造性的活动,能对人的生活起到重要影响,同时与时代共同进步。现代科学技术的飞速发展使计算机被大量普及,信息的传播更加迅速、丰富,使室内设计有了新的发展,其中就包括视觉传达设计。视觉传达设计是通过视觉图像,传达给接收者信息,这些信息包含审美内涵和实用性。视觉传达设计具有经济性特征,能够与商业合理结合。视觉传达设计是一种具有创造性、美观性的活动,这正是设计师需要重视的部分。

二、传统文化符号在视觉传达设计中的应用

(一)视觉传达设计中传统吉祥图案的应用

文化符号最早出现在部落的图腾中,由于环境的恶劣和疾病的困扰,使人们的内心深受煎熬,由此产生了符号。这些符号含有人们对未来的期望,对美好生活的向往,是一种含有人们寄托之情的物件。图腾蕴含的是民族的文化,是有着深厚历史底蕴的物件。其中的龙图腾就是象征,龙图腾是中国独有的传统符号,彰显民族的特征。设计师在进行视觉传达设计时,经常把传统文化符号应用在设计中,以此来呈现视觉传达设计的文化之美。中国的传统吉祥图案历经时代的洗礼,直至现在,也经常会在人们的家中出现,所蕴含的文化内涵更是深受人们的青睐。设计师在进行视觉传达设计时,可以融入传统文化符号,这是现代与传统的合理融合,更是视觉传达设计的创新途径。传统文化符号中的吉祥图案应用的非常广泛,例如,火炬的图案就是采用祥云图案和中国红的色彩结合设计的,寓意美好和祝福,同时向人们传递一种喜悦之情,展现传统文化的魅力。设计师在进行视觉传达设计的时候,传统吉祥图案能够给设计师提供丰富的设计灵感,提升设计作品的文化内涵,为视觉传达设计注入新的活力。

(二)视觉传达设计中传统水墨画元素的应用

中国传统水墨画的组成非常简单,是由水和墨组成,这两种材料在合理

的结合下形成了水墨。此外，中国的水墨画具有"墨分五色"的特征。水墨画是传统的艺术形式，其中的文化内涵是极具特色的，是中华民族的宝藏。水墨画对设计师的影响非常大，能给予设计师丰富的创作灵感。设计师在进行视觉传达设计的时候，需要把自身对艺术的理解融入其中，经过合理的结合后，传达给用户，提升用户的视觉感受。设计师把传统水墨画的元素融入设计中能提升设计作品的艺术特色，使作品呈现一种意境之美，从而增强观赏者的视觉体验。传统水墨画具有的水、墨，以及点、线、面的构造，都是经过深思熟虑的结果，设计师在疏与密、浓与淡的手法下使室内设计具有了深厚的文化底蕴，以此带给观赏者一种舒适的体验感。传统水墨画元素与视觉传达设计的合理结合，是在各种设计元素更好地融合的基础上提升作品的整体性，从而使设计作品达到与观赏者心灵沟通的成效。

（三）视觉传达设计中传统剪纸元素的应用

在社会的发展中，中国传统文化中的剪纸具有深厚的文化意蕴，剪纸的主要材料是纸，而且不需要其他的材料，是以技术为主的传统工艺，这使剪纸的成本更低，也能被更好地普及，由此，深受人们的青睐。早期的剪纸呈现的是人们的日常生活，传达的是人们对美好生活的向往，以及对生活的憧憬。剪纸在不同的地理环境、民族文化下，呈现的特征是不同的，这些元素应用在视觉传达设计中能够提升设计师的创作灵感。在现代，视觉传达设计需要与时代共同发展，提升艺术本身的文化内涵，满足观赏者的精神需求。设计师在进行传统剪纸元素提取的时候，要合理提取，再进行创新，从而提升视觉传达设计作品的视觉冲击力。中国的传统剪纸元素，是具有深厚文化内涵的元素，设计师在进行室内设计的时候，把传统剪纸元素融入其中，是提升室内设计的文化内涵的重要途径，以此更好地向人们传达传统文化的魅力与内涵，弘扬传统文化的发展。

（四）传统文化符号在视觉传达设计中的应用价值

传统文化符号的应用范围非常广泛，而且能够彰显地域文化的内涵。传统文化符号源自传统文化，并且在传统文化中起到重要的作用。传统文化符号是在对应的地理环境以及民间文化、特色的基础上形成的。设计师对传统文化符号的探索、应用是促进传统文化符号弘扬和传承的重要方式，也是传统文化符号在现代社会能够继续发展的重要方式，以此使人们对传统文化更加了解。传统文化符号的内涵丰富，是千年历史积淀而成的文化，其中不乏含有民间的文化符号，这些民间的文化符号呈现的是当地的民族特色，是由当地人们在日常生活中的经验积攒而成。设计师对民间的文化符号进行探索并融入室内设计中，能够提升设计作品的艺术价值和文化功能，增强作品的视觉表现力。传统文化符号的应用是传统文化得到传承和发展重要途径。传统文化符号与视觉传达设计的合理结合，是人们日常生活质量得到提升的方式之一。

三、传统文化符号融入视觉传达设计的策略

设计师要将传统文化符号更好地融入视觉传达设计，提升视觉传达设计的呈现力，从而使设计作品具有深厚的视觉表现力。在时代的不断发展下，经济快速发展，各国之间交流、合作，这就使西方的文化对中国的传统文化造成了一定的冲击，但是，很快人们就发现西方的设计理念不能满足人们对精神的追求，因此，更加坚定地弘扬和传承中国的传统文化。这一举动促使视觉传达设计得到了更好的发展。传统文化符号与视觉传达设计合理结合，在这个过程中，设计师要了解受众的心理，使设计作品符合受众的审美，不能直接照抄、照搬传统文化符号元素，要在符合时代理念的基础上创新。不同的地理环境、民族特征会产生不同的传统文化符号，这些传统文化符号都含有传统文化的内涵，选取合适的传统文化符号融入视觉传达设计，可以提升设计作品的文化意蕴，给观赏者一定的视觉冲击力。因此，这是使视觉传达设计含有传统文化内涵的重要途径，既充分呈现了东方文化的内涵，又促进了视觉传达设计更好地发展。

视觉传达设计是通过图片和文字呈现的，因此，传统吉祥图案、传统水墨画元素、传统剪纸元素等，这些传统文化符号都能在合理的情况下与视觉传达设计合理结合，并且这些符号的设计意蕴非常丰富，极具历史内涵。设计师在把传统文化符号融入视觉传达设计时，需要在了解传统文化符号的基

础上加以应用，避免应用中的突兀感，从而使视觉传达设计更好地发展。

第二节　现代室内设计中的传统装饰元素

时代的不断发展使人们对室内设计的需求不断提升，除了满足人们日常生活及实用性的需求，还要满足人们的精神需求。与此同时，中国传统装饰元素与现代室内设计的关联日益紧密，不仅注重住户不同的生活功能性要求，还促进设计师与住户的沟通。现代室内设计与传统装饰元素的融合，能够提升室内设计的美感与个性。

为满足人们的需求，室内设计开始融入传统的装饰元素。本土的装饰元素大范围地融入现代室内设计，不仅呈现中华民族的风范与传统文化的意蕴，还能使传统的中国室内空间与现代建筑空间、现代美学理念合理融合。现代室内设计与传统装饰元素的合理融合，既提升室内环境的视觉感受，也使现代室内设计的文化价值得到提升。

一、古典装饰元素的种类及特点

中国古典装饰元素的种类丰富，而且特点鲜明，对设计有着深远的影响，能够满足人们对物质文化的需求感。中国古典装饰元素的种类以中国书画、传统工艺和传统纹样为主。中国书画呈现的是书写和绘画的艺术，不同的字体有着不同的表现形式，也更具独特的魅力，在文字的基础上还可以呈现中国文字的博大精深，并且中国的人物风景也能通过独有的神韵呈现。传统工艺的种类极多，每一种都经过悠久的历史沉淀，并且在人们的生活中起到重要的影响。例如，陶瓷、刺绣和剪纸等都是艺术性和实用性的融合，蕴含深厚的文化价值。传统的纹样不仅种类极多，还具有研究价值，其呈现中国人民在历史发展中对生活中的艺术的发现，以及对重要场景和事件的记录。这些都是中国古代装饰元素丰富性的体现，并且不同种类的装饰元素组成的丰富色彩也是对历史和文化的一种记录，能够使设计的表现形式更上一层，同时给予设计师创作灵感。

二、传统装饰元素与现代室内设计的关联

中国传统装饰艺术有着悠久的历史，与其他国家的装饰元素相比，中国确有不同。在现代，室内设计师对传统文化的重视度已经得到提升，同时也认知到本土文化的存在具有重要意义。首先，传统文化的历史悠久、博大精深，具有整体性、和谐性的特征，"以人为本""人与自然和谐统一"的理念以及与自然和谐相处的观念，这些特征和原则在现代室内设计中都有呈现，从而使室内空间的文化意蕴得到提升，增强室内设计的和谐性。其次，中国传统设计讲究对称、均衡，这种规则能够营造出一种稳重庄严的视感觉，在色彩的呈现上包含红、黑、灰等颜色，这些颜色的特征都是朴素，这样能使室内空间氛围更加庄严，经常应用木质、石质材料进行设计，能够呈现一种厚重感。现代室内设计与中国传统装饰元素合理结合，是结合了新材料、新技术，从而完美地打造了一个富含中国文化意蕴的室内空间。因此，中国传统元素对现代室内设计的发展有着不可替代的重要意义。

三、传统装饰元素在现代室内设计中的应用

（一）现代室内设计之传统风格家具的搭配

中式传统文化符号融入现代室内设计，为使室内空间的整体风格相互呼应，在家具的选择上也应当选择中式家具。目前，用户对家内物品陈设、家具的挑选的重视程度越来越高。设计师则可以根据用户的需求和审美，为用户推荐明式背椅、中式书架、圆桌及斗柜等，提升室内空间的传统文化氛围，呈现室内设计风格的独特性。欧式家具给人的是一种华丽感，而含有中国传统装饰元素的明清式家具，不仅造型简洁大方、外形流畅，还能更好地呈现家具质感，烘托室内空间的宁静氛围。现代室内设计师在对继承中创新、在创新中发展更加重视。因此，家具的选择、物品的陈设都需要含有现代的特征，从而提升现代室内设计的价值。

（二）现代室内设计之传统元素的融入

在现代室内设计的细节处融入中国传统装饰元素，既提升室内设计的灵

动性，又使匠心得到考验。对此，可以通过与用户合理沟通，把专业的设计理念与用户的家庭审美观念融合，再增加一些富含具象意蕴的装饰元素，或者在工艺品装饰上摸索研究，或者进行创新，使现代室内设计富有文化底蕴，从而既呈现现代室内设计的民族性和中国味，又避免现代室内设计缺乏现代感。

（三）现代室内设计之传统书画的应用

书画的表现形式多种多样，其情感的传递是极其丰富的。因此，在设计的过程中需要多方面进行考虑，这样才能使场地的整体呈现更加完美。不同的场所有不同的功能，这也是环境的需求不同的原因。现代室内设计的风格选定与居住者的文化涵养和审美也有关联，因此，要把人、环境及装饰元素充分融合，才能使现代室内空间环境更加舒适、美观。中国传统的书画有三种表现形式，分别是汉字、绘画和二者结合的形式，在现代室内设计的过程中，通过居住者的具体需求对书画的形式进行选择。此外，不同的材质和书画的大小对现代室内设计整体的装饰效果也会产生一定的影响，因此，设计师在应用书画的时候也需要对现代室内空间的整体环境综合考虑。

（四）现代室内设计之重构文化元素

现代室内设计要与当代人的审美观念相结合，同时满足人们的物质需求。中国古典装饰元素的种类丰富，应用在室内设计中需要先进行筛选，然后再将文化元素重新整合，使中国古典装饰元素能够在现代更好地发展。因此，在进行室内设计时，要与实际需求相结合，把传统古典装饰元素中复杂的元素去除，并且进行合理设计、优化，在设计中呈现现代人的审美观念，这是室内设计的重要组成部分。对古典装饰元素的筛选、重组是在提取其鲜明的特点和优势下进行的，促进现代室内设计与中国传统元素合理融合，提升现代室内设计的呈现效果。

（五）现代室内设计之传统工艺

时代的不断发展，使越来越多的传统工艺被应用在现代室内设计中。中国的传统工艺种类丰富，而且艺术表现形式独特、文化底蕴深厚。在现代室内设计的过程中，设计师需要通过室内空间的大小、功能对空间进行合理的设计、装饰，把握好室内空间的整体布局，装饰好家具、空间的各个角落。例如，刺绣传统工艺可以应用在窗帘、门帘方面，也可以应用在相关的室内软装饰方面，这样做能够提升现代室内设计的文化意蕴。在现代社会中，大部分家居都与传统工艺相结合。例如，剪纸工艺与家居的融合设计，是通过把木材制作成镂空、特定的样式，以此加强现代室内空间的装饰美。不止如此，传统工艺具备双重属性，能够与现代技术合理结合。

中国的历史悠久、深厚，是祖先留下的精神财富，更是宝藏。传统装饰元素有着独特的艺术语言、表现形式，并且形成了设计界的新风尚，这对设计师们的设计理念、实践有促进作用。中国传统装饰元素具有实用性、审美性，应用在现代室内设计中，能够提升室内设计的艺术价值。因此，中国现代室内设计要想更好地发展，就需要拓宽发展途径，在与民族特色的合理结合下不断地探索传统文化，在创新的同时促进两者的合理结合，把传统装饰元素发扬光大。

第三节　现代室内设计中传统文化符号的应用

中国数千年的悠久历史是传统文化的底蕴，更是历史的沉淀。传统文化是民族智慧的结晶，其中就包括传统文化符号，传统文化符号是由中国的璀璨文明、瑰丽的艺术精华凝聚而成。在时代的不断发展下，传统文化已经与现代室内设计的理念合理结合，传统文化符号融入现代室内设计是对历史文化的再现、改良。传统文化在室内设计中通过动植物、文字、几何图形、图腾和特殊文化的形式呈现，使现代室内环境具有一种传统文化意蕴。因此，中国传统文化符号与现代室内设计的结合，能够促进现代室内设计的发展，对现代室内设计有着重要的意义，与此同时，还能使传统文化得到弘扬、发展，提升现代室内设计的文化底蕴。

一、传统文化之传统文化符号

传统文化符号，即传统文化中带有明确的指引性的标志、图案、艺术等历史印迹。传统文化符号属于一种传播载体，有着深厚的文化底蕴，是中华民族五千年来积淀的文化。传统文化符号与一般的符号有共通性，即负载和传播信息的介质，这是传统文化符号能够作为一种设计元素的重要原因。传统文化符号与现代室内设计合理结合，赋予了现代室内环境一种传统文化内涵，不止如此，传统文化符号能够作为装饰元素，起到装饰室内空间的作用，其装饰效果显著。传统文化符号有着丰富的种类，与现代室内设计合理结合的装饰元素主要有以下两种类型。

（一）图案

传统图案包括彩绘和雕刻。彩绘的色彩鲜艳明亮，将其应用在建筑方面，能够装饰建筑，使建筑更加美观。例如，苏州园林中的彩绘应用，苏画包括山水、人物、花卉、楼台、殿阁。不只如此，居住的场所也有彩绘的吉祥图案，寺庙也应用大量的彩绘进行装饰，同时这些装饰也具有祈福、平安等寓意。彩绘图案具有深厚的写意性、含意性。建筑中的建筑装饰艺术，即"三雕"包括石雕、砖雕、木雕，这些都是中华民族民间的传统工艺。例如，隔扇、门窗、椅子、茶几等都进行了装饰、雕刻。雕刻能够装饰室内环境，提升现代室内空间的艺术氛围，同时更好地呈现中国传统文化。

1. 现代室内设计之特殊的几何图形

几何图形不同于复杂的图形，几何图形的用料更省，还具有大方、简洁的特点。例如，玄关中的灯池、吊顶、电视墙等的设计，都是以简单的几何图形为主。任何图案都是由点、线、面组合而成，把简单的几何图形组合在一起能够提升人的想象空间，还可以用作室内装饰，营造一种时尚的室内氛围，给人一种简明的视觉感受，使人在繁杂的社会生活中有一个能够放松身心、摆脱城市喧嚣的室内空间。中国的历史文化非常丰富，其中就有几何图形相关联的传承，这种文化在时代的发展中逐渐演化成一种装饰符号，应用在室内设计中能够提升空间的文化内涵。在传统文化的影响下，这种带有强烈民族文化的几何图形与中国人的审美需要更加符合。

2. 现代室内设计之动植物图案的应用

传统文化能够以动物、植物为载体呈现，传统文化能够根据动植物不同的生长生活习性赋予不同的精神寓意。例如，诗词歌赋、国画中经常提到的"四君子"，即梅、兰、竹、菊，它们有着各自独特的秉性，能够呈现不同人的不同品质。不只如此，在一些俗语中也会有动植物的身影，例如，年年有余(鱼)。现代室内装修中的动植物图案的呈现形式非常丰富，同时现代与传统、抽象与具象、变形与夸张、添加与省略的手法，能够使现代室内设计与传统文化的审美特征合理结合。应用动植物元素装饰室内空间，能使室内空间具有活力，应用一些特殊的动植物造型能够更好地营造视觉效果。例如，有兰花图案的镂空屏风的特征就是婀娜清幽、自然洒脱，而且兰花品相独特能够给人一种清新的感受，在室内设计中应用兰花元素能够提升室内空间的氛围，使室内环境更加幽雅、温婉，以此来呈现室内空间设计的气质之美。

3. 现代室内设计之奇妙的图腾

中国的图腾历史悠久、种类繁多。例如，"龙"图腾就是中华民族的代表，也是人们所熟知的一类。在悠久的传统文化中，中国的图腾种类还有"貔貅""凤凰""玄武""鲜卑瑞兽""神鹰""狼"等。与之前的动植物图案相比，这些图腾更具历史底蕴，在中华民族文化中占有不可替代的重要位置，是一个民族的灵魂象征。这些图腾主要分为客观世界存在的、人们主观臆造的两类。任何一种图腾都具有深厚的意蕴，在形象设计方面，古人主要是通过夸张的手法呈现，这些图腾的形象主要源于生活，对人们的精神内涵能够产生一定的影响，因此，这些图腾经常是位于生活之上的。在审美方面，图腾的特征包含狂野、优雅、威武、端庄，非常富有特征。古人对图腾非常重视，早在文明出现的时候古人就已经把图腾应用在装饰方面。

中国传统装饰符号图腾，与室内装饰合理结合能够提升室内环境的美感，增强室内环境的灵动性，以此提升室内设计的文化意蕴。图腾能够与现代室内设计合理融合，不只如此，这种传统元素还是一种标志性符号。例如，图腾与中式镂空设计的合理结合，应用在屏风、柜子、电视墙、天花板、墙面方面的修饰图案，能够起到提升室内空间氛围的作用，满足用

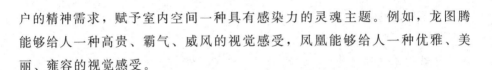

户的精神需求，赋予室内空间一种具有感染力的灵魂主题。例如，龙图腾能够给人一种高贵、霸气、威风的视觉感受，凤凰能够给人一种优雅、美丽、雍容的视觉感受。

（二）汉字

汉字是一种传统文化符号，有着明确的特征，把文字与现代室内设计合理结合，既简单、便利，又能提升室内设计的文化意蕴。汉字又具有装饰性，应用在室内装饰设计方面，能够营造一种富有文化的室内氛围，其应用方式更是丰富多样、灵活多变。应用方式一是汉字直接用于装饰。在现代室内设计中，大部分的室内设计都会应用文字进行装饰，与此同时，设计师需要深入探究文字的设计方式。例如，把公司、工程的名称通过艺术的形式呈现并悬挂在墙上。汉字的独特性能够直接应用在装饰方面，与其他文字相比，汉字能够形成书法艺术，设计师根据汉字本身的含义进行适当的变形就能够直接应用在室内设计中，再以合适的造型、排列轨迹摆放，能够使汉字科学地、合理地与现代室内环境设计结合，这样做能够营造一种富有文化意蕴的室内空间，提升室内空间的艺术氛围，呈现独具风格的传统文化艺术。应用方式二是把汉字转变成图案或者抽象化，再应用在现代室内设计中。中国汉字的特征包含图像性意味，因此，合理地把象形文字抽象化、图案化能够使其与现代室内设计更好地结合，这就是中国古代建筑与现代室内设计合理结合的有效方式。以文字为主的圆形符号的应用，是通过把文字几何化后再进行组合，使其富有艺术价值，这种应用手法经常在中国古代的窗雕、瓦当方面呈现。例如，寿、喜、天、工、福的组合，以及富、贵、春、堂、玉的组合等。

二、传统文化符号在现代室内设计中的应用方式

在现代，对传统文化符号的研究非常广泛，在书刊、杂志等方面都有所体现。在现代室内设计中，设计师对传统文化符号进行提取、重组、简化，这些手法能够使传统文化符号更好地呈现。

（一）传统文化符号的提取

在传统装饰中，通过直接提取相关元素后进行转变，以此保留、突出其传统特征，再应用在现代室内设计中，能够起到装饰室内空间的作用。这种直接提取元素的手法，能够更好地适应室内设计的需求，因此，这种手法在进行室内设计时被经常应用。提取元素的时候要保留元素的传统特征，保证所提取的元素具有独立性、代表性，充分理解、分析原有图案的特征、组合形式，使图案与室内设计更好地融合，这样做能够使设计师的创作意图不受影响，以此更好地呈现中国的悠久历史、特色的文化内涵。在室内设计中，设计师要使元素完好的提取，在考虑周围环境的同时考虑材料的应用，促进提炼的元素能够更好地应用在室内设计中。

（二）传统文化符号的重组

随着时代的不断发展，人们的审美观念随之产生变化。因此，将传统元素应用在室内设计中，需要先进行合理的创新、改变，不能简单地拼接、堆砌元素，而是依照元素的特征重组，使元素能合理地与室内装饰设计融合。在把传统的物体元素放大后加强材料、传统框架的结合方式，最后应用传统框架和图案结合、重组等手法融入室内装饰设计，提升室内空间的时代艺术氛围。

（三）传统文化符号的简化

中华民族文化由上千年的历史沉淀而成，是无价之宝。中华民族传统文化的内涵非常丰富，包含的传统装饰、图案都有着丰富的文化意蕴和典雅气息，同时也有陈旧、复杂的造型，以其独特内涵在现代设计中占有重要位置。设计师在把传统装饰元素与现代室内设计融合的过程中，对人们的生活基调和审美观念都进行充分理解，在这个基础上将传统装饰提炼、概括，其中的一些无关紧要、不切合主题的东西会被去除，这样才能使传统元素更加符合现代室内设计的主体风格。

现代室内设计也是一种文化的呈现方式，能够充分地呈现本民族的文化内涵。设计师在进行现代室内设计时，在传统文化、传统文化符号中合理提取具有独特性、创意性内涵的元素、内容，都能提升现代室内设计的风格意蕴，拓宽室内设计的发展途径。传统文化元素的应用，能够使文化内涵呈现在其载体上，这些都是历经数千年的历史，沉淀而成的宝贵财富。设计师把传统文化元素应用在现代室内设计中，能够提升室内空间的氛围、内涵，因此，要对传统文化元素不断深入探索、实践。设计师要在现代室内设计中弘扬中华民族的传统文化，在现代室内设计的基础上把传统文化的精髓呈现，使人对中华民族的传统文化底蕴更加了解。

第三章

传统文化之漆文化在室内设计中的应用与发展

第一节　传统文化之漆文化

一、传统漆艺的概念

根据文献的记载，在早期并没有"漆艺"的概念，漆艺的概念是从漆器演化而来。人们发现后开始使用漆髹涂器皿，是因为漆具有良好的防腐蚀、耐酸、耐热等性能。因此，漆的使用非常广泛。"漆艺"一词是由中国古称"漆工""漆器"演变、发展而来，是主要以大漆为媒材呈现的一种艺术种类。乔十光先生编著的《漆艺》一书中指出：它的含义很窄，限于漆，它的含义又很宽，漆器、漆画和漆塑……无论平面或立体造型，无论实用品或欣赏品，只要涉及漆都属于漆艺的范畴。漆艺的含义涵盖了漆器、漆工的内涵，是一种与其他学科密切相关的综合艺术形式，是具有广阔的发展前景的艺术种类。也就是说，漆艺是在漆的基础上进行的艺术设计、艺术创作。纤维艺术、金属艺术、油画、水彩画等，这些都是以设计和创作的主要媒材来界定的艺术种类。因此，漆艺的释义是广阔的。

二、传统漆艺在室内设计中的作用

（一）审美功能

美与关系俱生、俱灭，建筑内部空间美的关系协调与把握是由室内设计实践完成的。任何事物都有它的整体和局部，建筑内部的室内空间亦是如此，室内空间的整体和局部二者相互区别又相互联系，空间的整体处于统率全局的决定地位；同时空间内的局部也制约着整体，在一定条件下关键部分的性能对整体起决定作用。这要求首先在设计和规划室内空间的前期就应该树立全局观念，着眼整体寻求最优目标；其次处理子空间的局部和细节，使空间整体的功能得到最大限度的发挥。在运用大漆对室内空间进行装饰时，首先要考虑空间的使用性质问题、空间的体量与尺度大小，使用人群或居住者的年龄层次、知识结构、有无民俗禁忌等，再考虑如何在特定的室内空间中使用传统漆艺，使之符合室内空间的氛围，从而营造大方、美观、舒适的室内空间环境。施工前应实现规划好使用哪些表现技法，做到心中有数、有的放矢。若是施工时使用的漆艺技法和色彩过多，会影响到室内空间的品位；同样地，若是过多地追求材质和细节肌理，就弱化了室内设计的整体性和协调性。因此，在当代室内空间设计中不可过度装饰，不能为了纯粹地装饰空间，而落入追求空洞无物的形式美；但也不应忽略大漆对室内空间设计中所起到的积极作用，在把握漆料的经济成本以及工艺加工效能的同时，真正把装饰形式与功能结构结合起来，既要遵循室内空间整体统的第一原则，又要在具体应用上把握适度原则。

现代的室内空间是由钢筋水泥建成的，在这个空间中机械化、千篇一律的味道迎面而来。因此，把传统漆艺应用在室内空间设计，是对传统艺术的合理呈现，也是优化室内环境的重要途径。传统的建筑格局或是现代的建筑格局，在室内环境方面，漆艺的材料、工艺都能够很好地装饰室内空间。漆艺术的呈现方式具有独特性，由于受到现代装饰艺术的影响，新的审美领域已经逐渐被开拓，应用漆艺装饰室内空间能够很好地丰富室内空间元素。目前，传统漆艺与现代设计理念、时代精神、艺术思维的合理结合，从色彩、造型、材质、纹理等方面都呈现了鲜明的个性化和时尚感，传统漆艺能够装饰、点缀、渲染室内空间环境，还能丰富室内空间的层次。

（二）文化传承

现代室内设计不只是传承传统文化的载体，其中所蕴含的美学更是需要被创新、转变。现代室内设计中的形式美，是设计师在设计的基础上赋予室内空间的美感，这种美感需要与文化融合，这样才能使现代室内设计的美感不只存在于形式当中。具有文化之美的现代室内设计，是一种符合新时代发展的设计，既包含设计本身的形式也具有文化的内涵。中华民族的传统文化是经过千年积淀而成的精髓，具有多元性特征。设计师在进行现代设计时，对于艺术风格的设计，需要与传统文化合理结合，更需要学习和积累传统文化素养，这些是中国艺术设计师能够更好地进行室内空间设计的重要因素。

设计师需要不断地提升对中国艺术设计的了解，在深刻探究传统文化艺术底蕴的基础上，提升设计在世界设计界的地位、影响。新事物具有的价值、意义，需要与之前的旧事物相对比来确定。创新是既要与时俱进，又要保留传统的文化底蕴。

国际对于环境设计的重视是在很早以前就有的，并逐渐对环境设计的理念进行整合，由此，环境设计的理念开始被更多的设计师知道。现代社会，人们大都生活在城市中，长时间在水泥建造的城市里生活，因此，人们崇尚自然的心情愈演愈烈。新时代对绿色生活非常重视，人们从这种绿色生活中找寻精神的安慰，一方面可以维持生态的可持续性，另一方面可以满足人们对自然的精神需求。在现代室内空间中融入绿色设计，能够使室内空间有一种自然的氛围，这种绿色设计能够促进社会可持续发展，同时减轻地球负载，让人们的生活更加舒适、健康，这种生态良性循环的设计理念满足了人们的精神需求。处于这样的室内空间能够给人的心灵给予安慰，使人们调整好心态更好地工作、生活。在室内设计中应用天然材料也能起到类似的效果。现代室内空间设计更重视材质、肌理的应用，就设计师在设计中的选材而言，必须要选择符合绿色生活理念的材料，这样的材料应用起来能满足用户的需求，同时不会对生态造成过多的危害，也不会使人的身体健康受到损害。因此，人们自然而然地追求环保的设计材料，这使大漆回归到人们的室内设计中，大漆的天然环保、无毒、无害、无污染的特征能够促进生态的可持续发展，提升室内空间的自然氛围。

（三）传统漆艺在室内空间中的应用

1. 在室内家具中的应用

室内家具是用于人们坐、躺、放置、储藏物品、从事日常生活的器具。因此，家具在室内空间中有着不可缺少的重要作用，是各种空间关系的一种成分。能够使人们在特定的室内空间从事特定的行为活动，满足人们对室内空间的功能需求。设计师选择的家具可以直接影响用户的感受，在日常生活中，室内空间家具对室内的整体效果起到了重要的作用，因此，设计师要把家具作为室内设计的重要构件，在家具的选择上，应当重视家具色彩、造型的区别，选择更适合室内空间风格的家具。家具对室内空间具有促进室内空间功能性、便携性的作用。

在更好的生活下，人们提升了对室内空间设计的要求，追求更高质量的文化艺术。现代人，非常重视家具设计和富含的文化意蕴，同时还要求其在室内空间中具有实用性。在现代室内设计中，设计师经常应用软装饰元素对室内空间氛围进行营造。漆家具在中国家具中占有重要的位置，其含有的深厚的民族意蕴能够提升室内空间的文化氛围。大漆本身具有优秀的实用性和文化属性，因此，漆家具经常被应用在室内空间中。在室内设计中，漆艺家具独特的文化内涵和实用性已经被合理地应用。当前，科技的发展促使家具被量产，这就使这些家具的成本更为低廉，且形式多样。不论在哪个时代，只要经济发达，那么这个时代的手工业也必然发达。由于社会的不断发展，人们的意识不断提升，设计师要想更好地把漆艺家具发展下去，就需要对漆艺家具进行创新。

现代室内设计的理念与传统漆艺合理结合，能够促进传统漆艺的传承和发展，使传统漆艺的材料、技法更符合现代人的需求，漆家具在室内空间中的应用是传统漆艺能够在陈设方面持续发展的重要途径。例如，中国台湾的黄丽淑女士设计的"空窗"会佳人，就是应用仿生设计打造出与现代人的审美观念相符合的设计，她设计的这位女性，所呈现的线条非常美，并且漆椅也是婀娜多姿，椅面采用朱漆髹饰，在椅背处细致地描绘了彩色的花瓶图案，还在牡丹花上贴金箔，使整张漆椅极具现代简约之美，细细看去又有一种深厚的东方民族意蕴。因此，设计师在漆家具的设计方面，都应用古典元素进行装饰，并与现代设计的理念合理结合，从而提升漆家具的独特性。现代的设计理念与漆艺家具的合理结合，满足了现代人的审美需求，丰富了家具的种类。漆家具在不断创新下，使造型、材料都更好地发展，对现代室内设计起到重要的推动作用。

2. 在实用器具上的应用

人们在生活中经常应用的餐具、茶具、酒具、文具等，都属于带有实用性的器皿。这些实用性的器皿与漆艺的合理结合早在以前就已经出现，在制胎、髹漆、造型、装饰技法、装饰元素、纹样方面都是如此。例如，漆盘、漆壶等，这类器皿的实用性很高，也是漆艺制品，这些器皿还能够用作装饰，在室内陈设极具观赏价值。实用性的漆器并不是一直出现在人们的视野中，以前的一段时间也曾从人们的日常生活中消失，后来，由于人们对自然的追求，使传统漆艺回归到人们的视野中。大漆与器皿的合理结合，是以器皿为载体呈现漆艺文化，这样能够使东方文化被更好地传承。设计师把漆艺术与人们日常生活所用的器具合理结合，提升了器具的文化内涵，满足了人们对传统文化的追求，体现了漆艺术独特的精神意蕴和应用价值。

3. 在观赏性艺术品上的应用

艺术品应用在室内空间中，具有美化室内环境，营造自然、艺术的室内环境的作用。艺术品被应用在室内空间中，只有摆放在合适的位置才能使整体空间呈现美感。艺术品是室内空间营造艺术氛围的重要组成部分，但是不摆在合适位置的艺术品也会失去所含有的价值和特点。就现代发达的科技而言，艺术品大多可以量产，这就使这些艺术品不具有创作者的文化内涵的精神。漆艺融入现代艺术设计，提升了现代艺术品的文化内涵，使艺术品更具工艺制作性、审美独特性。对现代艺术品进行传统的装饰，能使其品位、气质、审美价值都产生质的飞跃，这些艺术品所具有的文化意蕴是工业化批量生产品远远不及的。以下是室内空间中主要的观赏性艺术品。

首先是悬挂类。例如，漆画、漆艺品等。以漆画为例，其能够提升室内空间的观赏性。中国漆画的发展，曾受到越南磨漆画的影响。在古代，画是用于表达文人墨客的思想内涵，用于抒发情感。漆画有着上千年的文化底蕴，是漆工艺精髓的传承，其主要材料是大漆，漆画的组成包含漆艺和材料，漆艺具有传统型，材料具有现代特征，是传统与现代的结合。漆画的这种特性，深受人们的青睐，在进行室内设计的时候，人们通常会应用漆画装饰室内空间，起到增强空间环境文化内涵的作用。漆画的历史性，使漆画具有深厚的历史内涵，即使经过时间的洗礼，也依然能焕发夺目的光彩。设计师在设计的过程中，采用不同的着色就能使其形成不同的视觉美感，或华丽、或雅致，堪称中国文化艺术的瑰宝。除此之外，挂盘、漆艺品，都具有深厚的装饰意蕴，在陈设中应用能够呈现形式感与秩序感，而且用于制作的材料极具美感，且肌理丰富，在室内空间中应用能够提升空间环境的视觉效果，给人一种富有个性的室内空间，与其他悬挂类的观赏性艺术品相比，其更具深层次的文化内涵和艺术之美。闽派漆画领军人物汤志义老师的漆画、油画和水粉画有大约 20 次入选中国美术家协会主办的全国性美术作品展览，并且多次获奖。综观他的大部分漆画作品，能够呈现他对艺术的锐意求新，以及创作技艺的丰富变化、色彩的内容，可以看出都是由具象到抽象，从"金色莲莲""上善若水"到"弦外"。在他的作品中，即使是一朵朵的莲蓬、一条河流都能呈现出独特的灵性。他的作品"弦外"没有描绘具象的事物，只是在创作技法方面借鉴中国漆画中的染色技法，以及借助松节油的稀释，再用大漆一遍遍地罩染，从而提升作品的内涵，超越传统漆画技法的藩篱，赋予画作水墨画般的神韵，给人一种身在云雾缭绕的山林中的感受。大漆材料具有特殊性，因此，漆画也具有独特的审美意蕴。漆画在应用到室内空间的时候，必须结合整体室内空间的用途、性质、面积大小等方面，确定漆画的尺寸、材质、内容等，这样才能营造一种极具内涵的室内空间。其次是摆放类。漆艺的应用范围非常广泛，可以用来装饰收纳盒以及其他立体。就立体而言，漆艺的独特性使这些立体呈现丰富的色彩，用漆装饰过的立体能长久的不变形。漆立体造型的制胎、刮灰、打磨、镶嵌、罩漆、推光方面都留存了传统的手工艺特色。

　　以前，为促进经济的发展，经常是先污染后治理，因此，生态环境就遭受工业污染的影响。在现代，家庭装修业逐渐兴起，同时人类也开始对生态环境做出保护和提出要求，就绿色生活而言，人们注重自身的生活环境，重视生态的可持续发展，自觉提升对践行绿色生活的认知。传统漆艺中的漆源自自然，是自然的产物，是非常符合现代绿色发展理念的材料，由于漆的这一特性，使漆艺为人们所喜爱，漆艺富有的传统文化内涵，逐渐成为现代人的心灵港湾，满足人们的精神需求。传统漆艺逐渐地融入人们的日常生活，同时人们也对传统漆艺提出了更高的要求，设计师为满足人们的需求，使传统漆艺更好地与室内设计合理结合。就传统漆艺的内涵而言，深厚的历史底蕴使人们产生敬畏，在现代室内设计中，传统漆艺的应用是提升室内设计历史内涵的途径，可以突出用户的审美观念，提升室内空间的档次。设计师在进行室内设计时，需要在室内设计中寻找与漆艺的融合点，在合理的方式下促进二者的融合，这是提升室内环境协调统一的重要因素，设计师应当在文

49

化美与形式美相统一的基础上，使传统漆艺与室内设计更好地结合与发展。

（1）墙、柱上的应用

就墙面的装饰来看，设计师已经把传统漆艺应用在室内设计中。设计师把传统漆艺融入现代室内设计，使传统漆艺应用在墙面上，能提升墙壁的使用年限，这是因为大漆具有防腐蚀的特征。《西京杂记》中指出：赵飞燕女弟，居昭阳殿，中庭彤朱，而殿上丹漆。由此可见，早在秦汉时期，漆艺制作的壁画就已经用于装饰了。漆壁画不仅具有防腐蚀的特征，还是漆画的一种创新形式。漆壁画的尺寸可以随着墙壁的尺寸变化，甚至可以与墙体尺寸相等，并且不需要加画框，这也是漆壁画与墙体更好地融合的因素之一。漆壁画的样式丰富，设计灵感繁多。此外，漆艺制作的漆板也具有装饰性。用于制作漆壁画与漆板的大漆，具有肌理之美，极具文化艺术性，是提升室内空间装饰的重要元素。就现代的漆壁画而言，已经被设计师应用在现代室内设计中。例如，人民大会堂的福建厅的墙上就挂着一幅漆画，名为《武夷之春》，这幅漆画完美地呈现了武夷山的峰峦和九曲溪流，把武夷秀美、闽山苍碧的意境传达给观赏者，使人有种身临其境之感。与其他类型的壁画相比，漆壁画具有防侵蚀性能。例如，把丙烯壁画在墙体上固板（木板、石棉板）后加涂聚氨酯防潮涂料，或者使壁画与墙体之间保留一定的空隙，或在壁画的正面涂蜡防止风化。漆壁画就不用考虑被腐蚀的问题，这是因为大漆材料具有极强的抗腐蚀性，与陶瓷壁画相比其防腐蚀性也毫不逊色，甚至能够与建筑永久共存。现代的漆壁画与以往的漆壁画相比制作方式不同，现代的漆壁画经常受到尺寸幅度和现场绘制的限制，确定镶嵌位置后要进行尺寸测量，然后才能制作胎板，通过几张胎板的组合才能形成一幅完整的漆壁画，制作完成后再送到现场施工安装。在追求绿色环保的理念下，室内设计的装修也注重绿色环保的室内环境，而大漆本身就具有光泽的材质、细腻的肌理，这与现代生活、建筑、室内环境能够高度融合。因此，漆壁画的应用空间非常广泛，对现代建筑的内部空间组织、色调、氛围、功能都有重要的作用。

就柱、梁结构上的装饰来看，不只古人把漆髹应用在室内，涂抹在某些结构上，现代的设计师也把大漆应用在室内设计中。因此，漆画和漆壁画都需要依靠载体呈现，使建筑结构与室内空间风格有机结合，促进传统漆艺的发展，呈现漆艺与现代设计相符合的建筑。

（2）隔断上的应用

在室内设计中，空间的分隔与关联能够起到重要的作用，应用分隔手法与不应用分隔手法后的室内空间的氛围是不同的。在传统的室内空间中，大多会应用屏风加以分割，以此提升室内空间的层次感，这些屏风几乎都是半截的立面。在现代的室内设计中，隔断不只是屏风这一种，也可能是书架等，时代的发展使隔断的种类增多，同时也使应用更加灵活，例如，隔墙、隔断、活动展板等。有些设计师会把家具作为室内空间的隔断，诸如此类隔断还有屏风、展示架、酒柜等。就室内空间而言，隔断的作用不言而喻，不仅提升了室内空间的独立性，也起到了美化室内空间的作用。

就现代室内设计而言，大漆的应用体现在与屏风结合使用方面。早在战国时期，漆屏风就已经被应用在室内空间中，在明清时期发展为镶嵌式屏风、雕漆式屏风，作用也由分割室内空间转变为装饰室内空间，应用方式更具灵活性。漆艺屏风是漆画与漆器的融合形式，并且特征鲜明。古代匠人们把漆屏风与绘画结合，唐太宗的治国之道也是漆屏风的题材，起到传扬歌颂、警诫说教的作用。屏风的价值不只是分割室内空间，还具有丰富室内空间层次的作用，艺术观赏价值极高，富有装饰性、文化性、艺术性。

就室内空间布局而言，漆屏风能合理地分割室内空间，使室内空间更加简明。此外，漆屏风的制作更是具备抽象内涵和多种技法。漆屏风在以大漆为材料的基础上融入文化元素，在丰富的肌理和天然的材料的结合下，形成了一种自然之美。现代的人们热衷于时尚性和独特性，这要求设计师必须在设计的基础上进行创新。因此，室内空间的隔断要选用具有中国传统文化的漆屏风，在材料的选取上，应当以透明、轻薄的材料为主，既能提升室内空间的美感，又能提升室内空间的采光成效。漆屏风的优点还包括观赏性，因此，对室内设计具有很好的装饰作用。设计师在把漆屏风与室内环境装饰结合的时候，要重视室内空间的协调统一，把握好室内空间的实用性和美观性，创造出符合时代发展和人们居住需求的室内设计作品。

（3）金属构件上的应用

宋代，手工业比较发达，古代的宫殿在装饰方面非常讲究。《东京梦华录》中指出：大内政门宣德楼列五门，门皆金钉朱漆。此处的"金钉"指的是紫禁城门上的乳钉，在古代，皇宫、国家祭祀坛、寺庙都应用朱门金钉建造，并在城门上涂朱漆，在乳钉上髹涂金漆，以此来呈现皇家的尊严与权威。

就现代室内设计而言，室内空间的风格与氛围需要协调统一，这要求设计师在合理地应用材料下装饰室内空间。对于室内空间的装饰，设计师需要考虑楼梯扶手的装饰风格与室内空间的装饰风格是否统一，还要考虑门锁、把手等细节处，要使室内空间的大体与细节呈现和谐之美。在绿色室内环境方面，设计师可以应用大漆进行装饰，不仅可以起到美观的作用，还能避免化学涂料给人们带来的危害，既保护了室内环境，又使生态不受到危害。此外，大漆还具有耐腐蚀的特点，应用在室内空间的装饰上，能提升装饰的使用年限。

第二节　犀皮漆的现状

一、犀皮漆概述

（一）犀皮漆的定义

犀皮漆学名犀皮，在称谓上有南北方之分，南方俗称"菠萝漆""波罗漆"，北方俗称称"虎皮漆""桦木漆"。宋程大昌《演繁露》中指出：按今世用朱、黄、黑三色漆，沓冒而雕刻，令其文层见叠出，名为犀皮，与虎刺同，（虎刺即虎拍，亦即波罗漆，因唐代樊绰《蛮书》常说南人称老虎为波罗）。（此时的犀皮内容丰富，剔犀、云雕、斑犀都还包含其中）。在明代，犀皮漆分为易犀和犀皮两种。

中国现存的唯一一部古代漆工专著明代黄大成的《髹饰录》中指出：犀皮，或作西皮，或犀毗。纹有片云、圆花、松鳞诸斑。近有红面者光滑为美。这是在说漆艺的装饰技法以及漆艺呈现的自然肌理。其中"片云、圆花、松鳞"指的是漆艺的几种自然纹理，是漆艺所呈现的重要特征。此外，古代的器物大多具有丰富的纹样，并且持对称、二方、四方、多方等特点。就犀皮漆而言，其纹理更是种类丰富，经常呈现规则中带有突破的视觉感，犀皮漆的应用，所呈现的纹理是不断变换的，不同的纹理给人的视觉感受是不同的。犀皮是经过髹饰、反复刷漆，最后打磨而成，且纹样自然，具有艺术价值。

（二）犀皮漆的考古价值

犀皮漆的发展历史长久，是非常受人们青睐的材料。犀皮漆有现代漆艺特征，在犀皮漆的艺术品上，能看到艺术性、设计性。在古代，髹漆的技法就已经多种多样。那时的人们对髹漆有独到的见解，其思想、手艺使漆器具有丰富的文化意蕴以及深厚的文化价值。犀皮漆器呈现的是中国悠久的历史与文化，富含中华民族的民族特征。就犀皮漆的基本形态和概念而言，人们对漆器的欣赏要从漆器的内涵处看，不能只停留在外观上，更不能只看到从器物上呈现的造型、颜色等形态。欣赏艺术品要在事物的内涵处入手，在艺术设计的思维解析创作者的制作理念，从而发现艺术品传达出的文化内涵。犀皮漆是一种传统的艺术形式，应用在室内空间中能够传达出抽象之美。古书中指出的"片云、圆花、松鳞"等，这些纹样都是人们对自然界的图案的抽象理解。犀皮纹样没有具体的形态，创作者的艺术内涵决定其纹样，不同文化程度的人对外界事物的理解能力是不同的。犀皮能促进国人对艺术的理解，在正确的观念下理解犀皮漆的内涵。

正所谓民族的才是世界的。对犀皮漆而言，是源自民族的产物，其中的内涵是经历民族的发展积淀而成的精华，对漆艺的传承和弘扬，是民族的使命。因此，设计师需要在合理的批判下传承传统文化，实现传统文化的古为今用。对传统文化的应用要遵循取其精华去其糟粕的原则，以此将传统工艺更好地传承下去。在现代人的审美下，日益增长的物质文化要与审美相符合，要继承这些宝贵的财富，促进犀皮漆的发展。

二、犀皮漆的美学表现形式

早在三国时期，犀皮漆的美就已经被认可了。犀皮的特点使其应用极为广泛，还可以进行抽象加工，因此，深受贵族的青睐，并经常出现在贵族的日常生活中。犀皮不仅应用广泛，更是具有材料美、技术美和装饰之美，其艺术魅力更是具有审美价值，同时还具有实用性。

（一）犀皮漆的材料美

就生活而言，需要人们不断创造和创新，这也是材料几乎都从日常生活中发现的主要原因，人们生活经验、材料选择的敏感性都是源自生活所需。在古代，人们把植物分泌的物质应用在工艺美术方面，由此产生了漆器。漆器坚实耐用、外表美观、防潮防腐，同时还具有装饰性，因此，漆器经过历史的冲刷也依然占有重要位置。在室内设计中，漆器可以用来提升室内空间的美感，也能被人们在日常生活中应用，是装饰性与实用性的结合体。犀皮漆器的制作材料以漆为主。天然漆树生长、分布在亚洲东部，其中中国的产量最大、质量最佳。《山海经·西山经》中指出：虢山，其木多漆棕。英鞮之山，上多漆木。因此，在古代漆树就已经被应用了。漆树的天然漆液即大漆，大漆是漆树分泌的汁液。漆树被割开后刚流出的大漆是灰乳色的，在空气中氧化后是栗壳色，干了后是接近于黑色的褐色。因此，漆工领域流传着一首歌谣，白如雪，红如血，黑如铁。即从漆树被割开后流出汁液，至汁液干后的每个时段的状态。犀皮漆的色彩以红、黄、黑或者红、黄、绿为主。黑漆本色是较深的褐色，纯黑色是加入氧化铁而成，这使其较为"纯正"。原始的漆液就像是天然的调色板，能够与不同的颜料融合，从而调和成彩漆。融入银朱的漆，就呈现红色，这种颜色鲜艳大方，且同黑漆一样经久不衰，能够应用在底部的髹涂方面，也能够应用在图案的彩绘方面。犀皮器胎包含木胎、瓷胎、金属胎、纸胎、布胎、皮胎、脱胎等，这些都是材料，都可以进行制作，种类更是繁多。

（二）犀皮漆的髹饰美

髹饰的髹，是指应用发刷给器物涂漆。根据乔十光《漆艺》中指出，漆艺的修饰技法繁多，主要归纳为髹涂、描绘、镶嵌、刻填、磨绘、变涂、堆塑和雕漆等。其应用方式繁多，既能够单独应用，也可以综合应用。犀皮漆应用的手法主要是辑涂，是先在器胎上把浓稠的生漆与蛋清混合，然后与各种漆艺工具相结合制作出突起的纹样，再用制成的器胎为底，接着应用发刷髹一层黑漆后撒上螺钿沙粒，等其入荫、干燥后再刷一层黑漆，继续入荫、干燥、刷红漆。要注意使漆与漆之间的颜色形成对比，而且每次髹涂只是薄薄一层即可，要避免原胎底的纹样被填满，最后经过推光、打磨，呈现犀皮的美感。经过两三次的重复髹涂，待其阴干后开始打磨，使用水磨砂纸把涂漆的纹样打磨光滑。胎底高低起伏的纹样会在推光、打磨后呈现不同的自然纹样，而且颜色丰富，还会呈现犀皮的云纹、松鳞等纹样，提升视觉效果。犀皮漆器的整个髹饰过程，像是一幅富有意境的画作，呈现着艺术家的创作心境，饰过后的漆器不只是一件物品，更是一种升华后的艺术。

（三）犀皮漆的精神美

经济的发展提高了人们的生活水平，这使人们开始追求精神上的满足。一般来看，时代的手工业是否兴旺与该时代人们的生活条件息息相关，在能够满足人们日常生活的时代，手工业就较为发达，即人们只有在自身的生活得到满足的前提下，才会有精力在手工业上发展。古代的犀皮漆，在当时发展得非常好，这也是因为经济兴旺的原因。漆器在古代就已经深受人们的喜爱，在那时，漆器是餐具，并且具有易清洗的特点。随着时代的发展，经济发达使装饰工艺开始发展，这使漆器的样式增多。到了三国时期，已经出现了犀皮漆，文献《稗史类编》中指出：今之黑朱漆面，刻画而为之，以作器皿，名曰犀皮，亦海犀之皮必不如是。说的是犀皮漆的应用，那时的犀皮漆主要用于装饰，依附于载体之上。犀皮漆的美也表现在犀皮漆的内涵方面，能够满足观者的精神需求，在色彩、肌理和整体质感上都能直接给人一种心灵呼应感，其美感呈现的是端庄大气、高贵典雅、烦琐复杂、强烈粗犷，不同的美感给人的视觉感受不同。犀皮漆的制作材料是不具备感情的，但是制作者具有深厚的情感与思维，这是使漆器具有精神美的重要因素。

犀皮漆的制作材料具有的美感，与犀皮漆装饰性的美感合理结合，是使漆器具有精神之美的重要途径。即材料和装饰都具有美感的漆器所呈现的视觉效果不一定是好的，这就是漆器需要含有精神美的重要原因。反之，能够满足精神需求的作品，其制作肯定是应用好的材料与装饰精心制作而成。这

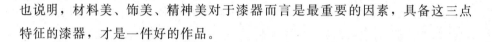

也说明，材料美、饰美、精神美对于漆器而言是最重要的因素，具备这三点特征的漆器，才是一件好的作品。

三、犀皮漆的制作工序

漆器在中国古代手工制造业有着重要的位置，是该领域的重要发明，同时也是现代工艺美术中的重要组成部分。匠人们在对漆器图案进行制作时，需要注入自身的制作思想。不同的器物、造型所呈现的构图都是不同的，其中就有粗犷大气、精致奢华。色彩丰富的同时表现形式也多种多样，二者合理相结合可以呈现一定的设计效果和文化内涵。犀皮漆呈现的纹样丰富多彩，用犀皮漆制作的漆器，是细腻的肌理与高超的工艺结合而成的艺术品。在进行制作的时候，整个过程都需要制作者保持全神贯注，直到最后一道工序，在这之前，犀皮漆的色彩和表面，都还只是简单的外形，并没有实际的亮点。制作者在进行制作的时候，要把犀皮漆原本的美感展现出来，使犀皮漆在制作过程中不断地形成细腻的纹理和丰富的花纹。此外，这些花纹的表面光滑，且颜色多样，有时是行云流水纹、有时是松树干上的鳞屑，匀称中又富有变化，十分美观。

（一）犀皮漆胎骨的制作工序

制作者在进行漆器制作时，非常注重胎骨的制作，这也是犀皮漆制作环境中最为基础的环节。制作者首先要对不同的漆器进行探索，在各种漆器胎骨的制作工艺方面分析、研究，以此提升自身的制作能力。漆器属于手工类，是木器制作中的重要部分。此外，漆器的胎骨以木胎为主，在制作过程中，必须选用合适的、优质的材料进行制作，还要使木胎胎骨更加轻薄和轻巧。当今时代，人们的需求逐渐提升，这时的漆器以多种多样的形式融入人们的日常生活，因此，漆器胎骨也呈现了多样化。

屯溪的犀皮漆最具美名。通过割开漆树获得大漆，然后去其杂质，再与古旧砖瓦碾压而成的粉末合理融合后调和成灰，最后把漆灰刷在制成的石膏模具上，这个过程是制作中最重要的，也是次数最多的。古旧砖瓦灰的特点是细腻纯净、杂质较少，因此，应用其调制漆灰能够使调灰为膏，且批灰均匀。在夏布的两个面涂刷生漆，并把其裱褙在刷好漆灰的胎体上后压实，接着在其上面刷漆灰后裱布，这样重复做，层层积累、阴干，最后达到理想的厚度挖去石膏模具，这时胎骨已经基本成型。应用夏布与漆灰制作，再加上生漆的融合，能使制作的胎骨十分坚硬，可以支撑一名正常体重的成人。此外，进行反复批灰、打磨后的物体非常光滑。在经历最后一道工序髹涂后胎骨就制作完成了。其中，裸涂指的是将黑色的抛光漆均匀地刷在打磨好的胎骨上。

（二）犀皮漆制作的关键工序

古徽州的漆器历史悠久。宋朝时，螺漆已经美名远扬，被誉为"宋嵌"。徽州的菠萝漆在南宋曾是贡器，用于献给朝廷。古代唯一留存的关于漆工的著作是《髹饰录》，黄大成是它的编写者，是位徽州人。由此可知，徽州的漆器是中国传统漆器的重要组成部分。徽州漆艺的髹饰技法多种多样，例如，镶嵌、研磨、堆填、罩漆、打捻、描金彩绘等，都是通过交错搭配呈现特殊的艺术效果。例如，在器胎上应用薄料涂刷后进行彩绘、研磨。罩漆后，对漆面进行推光，提升漆器的视觉美感。

1. 打捻

徽州的犀皮漆，多用丝瓜络蘸漆起捻。这是因为丝瓜络的机理繁多，能够吸漆，还能够从里面向外流，就像是笔一样，但是却又不规律。打捻就是打点，捻能够立的住是打捻的最基础要求，打捻的漆要与鸡蛋清、相应的矿物颜料合理融合，这样能够提升漆的硬度和色泽。

2. 涂

髹漆的花纹的形成主要依靠制作者的经验和手法，其中，重要的技法之一就是髹涂，这一技法能够使犀皮漆呈现斑纹的颜色、形态。在制作好的捻阴干后依照想好的构思逐层髹涂色漆，同时要避免涂漆过厚，要使最终的斑纹效果呈现得更好，可以通过重复涂几层相同色漆后换另一种颜色。要想最终形成的斑纹是精致、细腻的，就需要每髹一层色漆立即换一种颜色，这样做数次后再把所需的色漆全部涂在胎体上。

3. 打磨

犀皮漆纹的形成与犀皮漆的打磨工序息息相关。胎体在制作者的构思下

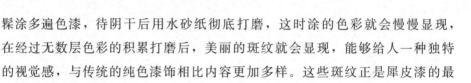

髹涂多遍色漆，待阴干后用水砂纸彻底打磨，这时涂的色彩就会慢慢显现，在经过无数层色彩的积累打磨后，美丽的斑纹就会显现，能够给人一种独特的视觉感，与传统的纯色漆饰相比内容更加多样。这些斑纹正是犀皮漆的最终艺术形态。

第三节　犀皮漆在室内设计中的应用

室内设计是为满足人们对室内环境和审美的要求而存在，需要设计师对建筑内部进行深度的把握，以此创造舒适、自然的室内空间。现代社会，室内设计不只是在为用户的需求而发展，更是一种载体，使传统文化更好地传承。设计师在进行室内设计时，必须对室内空间的功能与审美进行合理结合，最大化地使室内空间的功能性与美观性得到提升。

在中国，室内设计在原始时代就已经出现，那时的居所是用来保护人们的生存安全的，那时的生产能力不足、技术落后，因此，那时的人们虽然有着朦胧的设计意识，但是房屋的建造受到材料稀少的限制。在夏商周时期，社会的文明程度较高，这也是人们对室内格局形成认知的初期。在春秋战国时期，社会由奴隶制转向封建制，此时的室内空间有着严格的装修要求。在秦汉时期，人们对室内空间的装饰逐渐演化为室内设计，人们在装修室内空间的时候，更加注重空间的实用性，对于私密空间和开放空间的观念也逐渐形成。这时已经出现犀皮漆。在魏晋南北朝时期，室内设计得到进一步的发展，并融入了一些外域文化，这使室内设计具有了新的设计元素。在隋唐五代时期，室内设计逐渐发展起来，人们对室内空间的分布有着一定的要求。此时的室内设计整体风格比较统一、朴实大气、规模宏伟，对外来文化深刻吸收和借鉴，此时也是犀皮漆的发展时期。在宋辽金元时期，室内设计的发展已经达到顶峰，时代的发展使那个时期出现了与城市相似的布局，行业有所属的街道出现了市集，这使平民与官员的居住位置有了区别。这时的犀皮漆的发展更好，还出现了不同的以犀皮漆为主的作坊。在明清时期，在人们的日常生活中，已经几乎见不到传统的室内设计。此外，这时的皇家建筑非常的宏伟大气，尽显皇权，装修更是精致奢华，包括皇室的宫殿、园林、祭坛等，这些建筑都是设计师精心设计的，大部分建筑在现代也依然能见到。这些建筑不仅恢宏大气，更具有文化底蕴，是设计师的灵感源泉。这个时期的犀皮漆器具非常多，制作工艺近乎完美。

一、犀皮漆的应用原则

大漆的应用具有装饰的作用，并且漆的饰艺术具有深厚的历史底蕴，是中国传统文化的重要组成部分。漆器、漆画是以漆为主的艺术品，所呈现的内涵就是漆的饰艺术。犀皮漆具有深厚的历史底蕴，是中华民族的瑰宝，应当被弘扬和传承。建筑与室内环境设计是相辅相成的，在这个基础下才能研究漆文化，使漆艺在载体的支撑下呈现独特的魅力。现如今，室内设计快速发展，这使民族文化与现代化发展需要合理结合，以此呈现一种新的视觉感受。

（一）绿色环保原则

犀皮漆的制作材料是大漆。漆树在中国的分布十分广泛，尤其是安徽省，是生产漆树的大省。人们在漆树上取下天然的生漆，并加以应用，生漆是源自自然的宝藏，成分简单且无污染，具有抗湿、防腐、耐热的特征，这也是漆家具与漆器经常被应用在室内设计中的重要因素。犀皮漆也具有环保特性，这与犀皮漆的原料和制作工艺有关。从材料方面来看，犀皮漆的制作材料是生漆和颜料，然后在固定的器胎上打磨，这样制作而成的犀皮漆既美观又实用。从制作方面来看，犀皮漆只需髹涂、打磨就能制作，虽然制作的过程简洁明了，但是细节处比较严谨。从环保方面来看，大漆取自自然，是天然的树脂，能活血化瘀甚至是杀虫。此外，人体长期接触大漆能够提升自身的抵抗能力。大漆这种天然的材料，既与环境相适应，也与现代室内设计的发展相符合，应用在室内设计中，不仅起到装饰作用，还不污染室内空间的环境，使人感受到自然清新的室内氛围，符合用户在日常生活中的需求。

（二）中西合璧原则

现代的文化呈现多元化的发展趋势，优秀的文化并无好坏之分。因此，提升个人设计能力和灵感也需要学习、借鉴其他优秀的文化,以此弥补自身的不足。要想漆艺的发展空间更加广阔,不仅需要把漆艺进行弘扬和传承,还要开拓海外市场,使漆工艺品在海外得到发展,同时,国内的漆艺也应该大力发展。现代社会的人们崇尚精神的追求,设计师为了满足人们对室内设计的高标准,对传统漆艺深入研究,并将其应用在现代室内设计中,以此满足人们的审美观念和精神需求。室内设计的发展需要传统文化的注入,也需要新时代下的创新。犀皮漆的纹理丰富多样,具有抽象、简洁、朴实的美感,设计师不仅需要会应用犀皮漆的纹理装饰室内空间,还可与西方现代的设计风格相关联,寻找二者的相似之处,合理地借鉴西方的优秀设计方式,打造具有独特性的室内空间。漆具有细腻的质感,应用在陈设品方面也十分醒目,将其摆放在置物架上能够给人一种西方设计中带来一丝东方神韵的效果,提升空间的文化意蕴和空间独特性。例如,欧式餐桌与犀皮漆餐具的组合应用、欧式羊毛地毯与犀皮漆茶几的组合应用,这些都是把西方优秀设计方式与中国的现代室内设计合理结合的结果,拓宽了设计师的设计范围,使室内空间的美感得到创新。

(三)适度装饰原则

缺乏审美品位的人,经常把华丽的家具应用在室内空间中,并认为室内空间只有应用华丽的家具和装饰才称得上是好的设计,这种不正确的思想导致了对室内设计认知的偏差。部分设计师在一味地迎合用户的需求的时候,确实是会按照用户的全部要求进行设计,但是,现在的社会快速发展,时代在不断变化,室内设计的理念也已经多次转变。因此,适度的装饰、恰当的美感都是现代室内设计的重要原则。优秀的元素能够提升室内空间环境的品质,使室内空间具有文化内涵。犀皮漆的发展需要与时代相符合,在不断地创新下与社会共同发展。设计师把犀皮漆应用在现代室内设计中,既是促进犀皮漆在现代继续发展的方式,也是对犀皮漆进行创新的途径。

二、犀皮漆在室内设计中的具体应用

犀皮漆应用在现代室内设计中能够传承传统文化,同时能使室内空间具有犀皮漆的肌理之美。犀皮漆的美还表现在其材料、工艺方面，设计师通过制作者丰富的技艺使漆工艺品与室内设计合理结合。例如，以木头为载体，也能呈现犀皮漆的优越特性。把犀皮漆应用在室内设计中时，在充分呈现漆艺特点的同时丰富了室内设计的题材，需要注意的是，室内空间装饰与犀皮漆的结合需要联系实际，并且合理地选取元素进行应用。以下是新中式设计风格合理融入犀皮漆的示例。

（一）家具设计中的应用

家具对人们的日常生活起到重要的作用，可以维持人类的正常生活、生产实践、社会活动。在梅尧臣的《江邻几迁居》中可以知道，闻君迁新居，应比旧居好。复此假布囊，家具何草草。这就说明家具对室内空间的布局和功能都有重要的作用，家具是重要的室内用品。古代的家具种类丰富，其中包含席、床、屏风、镜台、桌、椅、柜等。随着时代的不断发展，家具的种类逐渐增加，而且在家居制作方面，对材料的应用有很高的要求，这样才能制作出既有功能性，也有审美内涵的家具。犀皮漆器最早是器皿，主要在生活中应用。现如今，犀皮漆在设计师的合理应用下，既是现代室内设计的元素之一，也是传统文化的载体，并以新的形式出现在人们的日常生活中，满足人们的生活需求。

1. 客厅区

新中式风格的客厅空间，家具设计主要是古典风格（多为明清风格的家具形态），或者是现代和古典相结合的风格。从款式方面看，多为明式家具。

2. 餐厅区

新中式风格的餐厅，室内空间的家具风格要与客厅的风格一致。餐厅主要是用来吃饭的，因此，不需要布置过多的家具，除必要的餐桌、餐椅外，可以合理装饰。在家具的放置方面，需要与餐厅的风格相符合。

3. 书房区

新中式风格的书房，家具的应用要能烘托室内空间的学习氛围，还要具备安静、质朴的特性。古代所说的书斋就是书房，是专门用于阅读、工作的空间，空间内的家具设施要齐全，其中包含桌、椅、书柜。书房的氛围可以

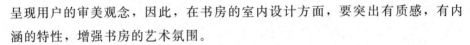

呈现用户的审美观念，因此，在书房的室内设计方面，要突出有质感，有内涵的特性，增强书房的艺术氛围。

4. 卧室区

新中式风格的卧室，在家具的设计方面需要重视色彩的应用，要保留传统的古典意蕴，因此，可以应用黑红色。宋陆游《老学庵笔记》卷八中指出：蔡京赐第，宽敞过甚。老疾畏寒，幕帘不能御，遂至无设肺处，惟扑水少低，间架亦狭，乃即扑水下作卧室。因此，卧室一词的由来历史悠久。卧室又被称为卧房、睡房，其功能就是供人睡觉、休息。因此，卧室的家具设计对居住者的影响很大，能够直接影响到居住者的日常生活、工作、学习、身体健康。在进行卧室空间的设计时，可以营造一种古典氛围，提升居住者的舒适度。

（二）生活居住区的应用

生活居住区即住宅空间。人们待在这个空间的时间非常久，几乎大部分的时间都花在这个空间。此外，室内空间的舒适度会直接影响到居住者的日常生活，设计师在对这个空间进行设计的时候，需要考虑实用性、美观性、舒适性。社会与经济的快速发展，使人们的工作压力逐渐提升，私人住宅是人们的压力得到缓解的重要地方。这也是现代室内设计的要求逐渐提升的原因之一，这就要求设计师不仅需要考虑室内空间的实用性，还需要使室内空间的光影、色彩、装饰、绿化等多个方面都能满足人们的需求。

1. 室内空间的应用

（1）局部分割

在进行室内空间设计时，设计师会应用局部分割的手法划分室内空间，通常应用屏风、翼墙或者是家具进行划分。这种分割方法既能把室内空间分割，还能保证光影不被破坏，在较大的室内空间中应用最为适合。例如，客厅、书房等。这种分割手法要求设计师对整个室内空间进行掌握，从而合理地划分室内空间。以下是室内空间局部分割的方法。

一是一字形垂直分隔。在室内空间放置垂直立面，达到分割室内空间的作用，这样分隔出的室内空间互不干扰，起到很好的实用性，提升了室内空间的层次感。新中式风格的客厅对空间的层次感要求很高，在设计的时候应用的就是一字形分割方法，在室内空间放置相同的木花格窗，以此来分隔室内空间，更好地呈现客厅与餐厅。带有镂空的隔断可以大大提升室内空间的光亮，能使自然光影照射进屋内，使屋内的氛围与光影相互辉映，提升室内空间的整体光亮。在隔断应用装饰纹样可以提升室内空间的文化氛围，简单大气的交叉纹样能呈现室内设计的独特风格，赋予室内空间独特的文化意蕴。犀皮漆与隔断相结合，能够提升整体外框架的美观性，给人一种富有气质、文化意蕴的空间氛围。

二是L形垂直面分隔。是用两个垂直的面相交，并形成90度左右的直角，使其中一面向外延长至实体墙为止，这样呈现的一宽一窄的形状就是一个L的形状，L包裹住的空间就是一个半围合的分割空间。这种分割方式应用在较大的室内空间，与一字形垂直分割相比，这种分割方式更像是应用隔断分隔空间，能够给人一种一房双景的感觉。

三是平行垂直面分隔。是将一个空间用几个平行的垂直面进行分割，即应用比较窄的立面分隔空间。这种方式会阻挡人们的视线，使整体空间呈现块状分布，同时保持空间的完整性与流通性。

（2）室内陈设的应用

以前，犀皮漆被应用在食用的器皿上。早期的漆器不仅具有美学价值，还有独特的造型、色彩和纹样。设计师在进行现代室内设计时，把传统的漆艺应用在现代室内设计中，促进了漆艺在现代发展。犀皮漆具有的传统文化底蕴，能够激发设计师的创作灵感，丰富室内空间的设计元素，打造更加符合住户需求的室内设计。

设计师在进行室内设计时，会使用平面装饰品烘托室内空间的氛围，丰富室内空间的装饰元素。设计师在进行室内设计的时候，在充分考虑整体室内环境氛围的基础上选择装饰品。在选取陈设品方面，要就物品的大小、形状进行深度的考虑，要使选取的室内陈设品符合整体的室内氛围，例如，选用大物件装饰室内空间，就要把大物件单独、整体的呈现，以此突出大物件的特色，而选用小物件装饰室内空间，可以采用组合呈现的方式进行设计。犀皮漆应用在室内空间有多种方式，例如，漆画、漆盘、漆相框等。设计师大都采用漆画装饰室内空间，因此，在现代室内设计中，漆画的应用最为广泛。与传统漆画相比，现代漆画的材料、技法更加细腻，题材也更丰富，应用在室内空间能够烘托室内空间的氛围，提升空间的格调。犀皮漆在现代常是以漆画为载体呈现，应用犀皮漆制作的漆画具有流畅、多变的特点，犀皮漆丰富的肌理使漆画富有斑纹，不同的色彩组合在一起，呈现的是不同的视觉感受。

三、影响犀皮漆与室内设计融合的因素

（一）传统文化的弘扬

就传统文化的传承而言，既是设计师的重任，也是用户的责任，需要大家的认可与努力，这样才能使传统文化得到有效的传承。人们向往舒适、安全、美观的生活空间，因此，传统文化融入现代室内设计是发展的必然。漆艺文化的历史悠久、深厚，是古代人民的劳动结晶，更是一种文化与生活的载体。三国时期，东吴就已经有人在应用犀皮漆制作器具，呈现的是人们的衣、食、住、行各个方面的文化。犀皮漆是文化的瑰宝，应用在室内设计中，能够使室内空间具有民族意蕴。

（二）室内设计风格的多元化

世界的多元化使中国室内设计的风格较为西化，例如，欧式室内风格、美式室内风格、地中海室内风格、田园室内风格等。中国的传统中式设计风格厚重、大气，而当代的年轻人热爱自由，因此，不太喜欢过于正式的室内设计风格，这造成了中国的室内设计中出现一些西方的设计元素。犀皮漆应用在现代室内空间中，既是一种新的设计元素，也是文化的呈现。犀皮漆细腻的肌理能提升室内空间细节处的美感，例如，花瓶、茶几等的应用，从细节处与整体环境相统一，提升室内空间的整体氛围。

（三）室内空间的局限性

室内设计包含硬装、软装。从原则上来看，硬装是在结构、布局、功能

方面的装饰，是不可移动的。因此，犀皮漆应用在软装方面更为合适。就犀皮漆应用在室内空间的硬装方面来看，在奢华的酒店大堂、大型高档会所才会被应用，家庭室内空间较小，不宜应用犀皮漆进行硬装。犀皮漆的这一特征，使设计师在应用时需要考虑多方面的因素，并在此基础上，促进漆液与其载体合理结合，以此提升室内空间的视觉效果。

（四）髹漆技艺后继乏人

在清朝，漆艺已经发展到了最高峰。犀皮漆有犀皮、剔犀两种表现形式。在经济发展不稳定的年代，人们为生活所迫，忙于奔波，这使制造业几乎停滞。就漆工艺的传承来看，多以家庭为单位进行传承，属于父承子继，这造成了手工艺者的稀缺。随着工业的兴起，人们开始不用为生存奔走，于是工业逐渐兴旺起来，导致了大量的现代工业产品涌入市场，冲击了手工业在市场上的发展。因此，要想把犀皮漆更好地发展，首先要促进犀皮漆工艺的传承，设计师把犀皮漆合理地应用在现代室内设计中，是促进犀皮漆在现代室内设计中得到传承的重要方式，有助于人们更好地了解漆文化，使漆艺术在现代社会更好地发展。

四、犀皮漆在未来室内设计中的发展趋势

（一）走人文主义设计之路

人类需要在社会中生活，人类与环境是息息相关的关系，不论是室内还是内外，都是人们日常生活所需要的。就室内设计而言，不同的室内环境能给人不同的感受，好的室内环境能起到安抚人们情绪的重要作用，帮助人们缓解生活的压力。此外，室内设计也受到人文主义的影响，使设计师更加注重室内空间的文化内涵和用户感受。人文主义的室内设计是具有人性的室内设计，这既是设计界一种新的认知，也是更好地满足用户物质需求和精神需求的重要理念。室内环境设计与人们的日常生活息息相关，是引自然环境融入室内的设计理念，打造自然和谐的室内氛围，这需要设计师提升设计观念，不断创新室内设计，并与人文主义相结合，以此打造以人为本的室内设计。

与传统空间相比，未来室内空间的变化很大。除室内空间本身的变化外，人们对空间的要求也随着时代的变迁而提升。人们审美的提升使空间的要求不断提升。在理论上，犀皮漆应用在室内设计中，是传统空间模式与现代空间模式的碰撞。未来室内设计中需要结合犀皮漆呈现传统文化，这是空间设计的一种创新。复古、怀旧的意蕴能够形成一种新的艺术形式。传统的风格与未来设计能够合理融合，是在以人为本的理念下加强室内设计的人性化特征。未来的室内设计在追求独特性特征方面会有很高的要求，因此，不能单一的是机械的复制品，必须呈现富有内涵的艺术品。在犀皮漆的实际应用中，设计师经常会去除传统漆艺中过于复杂的元素，应用简单的元素符号，这样做能够使造型更加生动自然，与人们的生活空间更好地融合，从而形成独特意蕴的室内空间。设计师要想把握好犀皮漆的应用方式，就要对漆艺文化深入了解。未来的室内设计是与人们心理需求相符合的设计，使人更好地感受生活。室内空间环境与犀皮漆合理融合，其中的室内差异、色彩和造型、浓浓的文化底蕴，这些都能给人不同的视觉感受。室内空间环境的好坏取决于人们在室内空间的舒适度、心理感受，人们在室内空间中的心情愉悦，就是成功的设计。不同的居住者对室内环境的要求不同，因此，需要在居住者的审美观念下融入犀皮漆，以此来满足人们的审美、文化需求，使室内功能与精神感受高度契合，发扬人文主义设计。

室内设计是传承悠久历史与传统文化底蕴的载体，漆艺是传统文化的瑰宝，是极具文化价值的室内设计元素之一。当今时代，主体审美与价值取向的差距越来越大，在这种情况下，设计师需要以人为本的合理应用犀皮漆，以此满足用户的需求，创作出让客户满意的室内空间设计作品。

（二）走绿色生态设计之路

室内设计是设计师在建筑所处环境以及应用性质等方面的综合考量下，合理使用美学原理，创造出满足人的物质与精神双需求的室内空间。以人为本是室内设计的重要理念，在这个基础上，创造出优美、舒适，且具有功能性的室内空间。

室内设计不只是应用材料装饰空间，还需要考虑室内环境的优质性。好看的装饰材料倘若对人体有危害，也是不能应用在室内空间的。要重视生态环境的可持续发展问题，促进室内设计的可持续发展。室内设计是具有"时效性"的活动，在施工过程中，需要设计师与施工队优质沟通，以满足业主的需求等问题。避免装饰材料的过度使用，从而降低对环境的污染、资源的浪费、生态环境的破坏。

随着生态被破坏，人们意识到自然环境正在改变，在深刻反思自身后，提出了绿色设计理念。基于绿色设计的室内环境更加安全、健康、环保。在"绿色生活"理念的影响下，绿色生态设计理念被人们认知和青睐。由此降低对环境的破坏，提高生态生活质量，对绿色的室内设计风格越来越重视。

室内设计中漆艺的应用与生态设计理念有共同之处，都是提倡绿色生活理念。漆最大的优势是源于自然，不需要化学加工，与绿色生活相符合。在室内设计中应用犀皮漆，呈现的是人类对自然、质朴的追求，以此寻找内心深处的共鸣，来满足生活的需求。犀皮漆是绿色生态理念的代表，应用在室内设计中，能够营造绿色环保的室内环境，也能更好地传承漆艺文化，让国人对中国的传统文化有更深入的了解。

第四节　漆文化之漆画在现代室内设计中的应用与发展

一、漆画与室内设计的关系

（一）漆画的材料、工艺技法及审美特征

1. 漆画的材料

生漆在中国的应用历史悠久，在古代就已经被普及，上至皇宫殿堂中的金漆云龙屏风、宝座，下至百姓家的门、窗、桌、椅、凳。不久前，化学漆出现在人们的日常生活中，人们使用的箱、柜、匣、碗、奁、筷等物品，都应用漆来漆，其中大部分漆器不仅是家具，同时也是艺术品。漆艺之漆，严

格来说是专指从漆树上割取下来的天然生漆。人们平常说话中，形容夜晚或某物品"很黑"时就用"漆黑"一词，其实，生漆并非黑色，从漆树里流出的液汁与空气接触后呈褐色，人们看到的黑漆是加入氢氧化亚铁后再行炼制由红变黑的。

由于天然生漆具有防腐蚀、防渗透、防潮、防霉、耐酸等性能，漆膜具有硬度强、耐磨的特点，并有美丽耐久的光泽，因此，生漆广泛地应用于古建筑和文物的保护。随着社会的发展，漆画的艺术语言及其艺术观念开始逐步成熟。一方面，漆艺家们从传统漆工艺的历史文化底蕴中吸取养分，另一方面，又把漆画纳入整个新时代的社会背景中进行创作。他们试图想找建立联系传统漆文化与具有时代精神需要的大众的"桥梁"，这就使传统漆文化回归到了现代人们生活中，使漆画的发展有了更大的可能性，同时也拓展了漆画的发展空间。漆画家们从传统漆艺文化中吸取经验，并将现代艺术理念借鉴到作品中，在漆画表现形式与表现语言的寻找过程中，又反过来带着新观念、新思维，以全新的角度去进行传统漆艺术的创作，并利用现代科学技术，将漆画与科技所带来的新材料、新工艺结合，开始了新的尝试与探索。在深入挖掘、弘扬传统漆艺精华的同时，引入现代材料、现代工艺、现代造型，更加关注设计中的现代意识和创造性思维；更加关注漆艺进入人们的生活空间和精神生活，寻求与时代同步的审美情趣和艺术理念。使漆画得以在时代发展的背景下以新的面貌重新进入人们的生活视野。

2. 漆画的工艺技法

漆画的工艺技法是经过时间的沉淀而成，在《髹饰录》中指出，真正关于漆画技法的文章有一百八十六条和十八章之多。在时代的不断发展下，人们通过实践促进了漆工艺的发展，目前，漆工艺技法主要有髹涂、镶嵌、变涂、磨绘、刻填等种类。

早期的漆画主要是依靠器物呈现，大部分漆画的技法是来自漆器的技法，因此，既要传承传统技法，还要创新工艺技法。漆画工艺技法内涵丰富、多种多样，与传统大漆之间有着密切的关系。漆工艺是中国的传统工艺，在遵循自然规律下被充分应用，使自然和人工合理结合，既要呈现艺术特性，也要创造出艺术意境。漆画技法的呈现和其载体有着很深的关联，漆画既需要通过材料呈现，还需要与技法相结合，这样才能使作品内涵更好地被传达出来。

3.漆画的审美特征

（1）民族性

中国的漆画有着悠久的历史，其与材料、技法的关系极为密切。不论是大漆、还是金属、蛋壳、螺钿等特殊材料，或是描、刻、堆、涂、磨等技法，都与油画、水彩等其他画种不同。因此，漆画具有深沉的意蕴和民族性特征。不只如此，漆画的绘画语言也具有民族性特征。例如，线描、散点透视、平面化场景等，以及漆的"黑"与"红"，这些都呈现着中国的传统文化意蕴和民族性。

（2）时代感

漆画的时代特征，主要在形式和题材方面呈现。漆画的形式以漆画作品的艺术语言，以及漆画作品的内部结构（即构图）为主。艺术语言涵盖了材质、肌理、色彩、工艺技法等。题材是指来源于生活中具体的人、事、物等，即作品的内容。在社会的不断发展下，漆艺的时代性与现代审美观念相融合，使漆材料、肌理等方面的独特性得到新的发展，创新其形式与题材。例如，漆画的一些作品具有抽象性，并且作品本身又有强烈的意韵，漆能够使画面产生大面积陈旧斑驳的肌理，从而使画面含有复古之美。漆画的时代感主要呈现在题材上的现实性，并且题材都是源于日常生活，因此，作品呈现的既有作者自身对生活、现实社会的理解，也有人们的需求。例如，有的作品是以具有时代性特征或者工业化特征的物品为主题，有的作品直接采用日常生活中的物品为题材，传达出了丰富的生活意蕴，这与作者想要呈现的内涵相呼应。

（3）装饰性

装饰性特征，是通过漆画的构图、色彩、肌理、图案的变形、抽象等呈现。漆画装饰性与漆画材料具有的装饰美感息息相关。漆的色彩含蓄并且材料具有抗腐蚀的特征，即使经过时代冲刷，其打磨而产生的光泽也不会变质。素白的宣纸墨黑的漆都极美。因此，漆有彩、有光、不浮躁。不只如此，漆画的材料非常多，表现语言也非常丰富，在创作过程中，只要相互结合就能

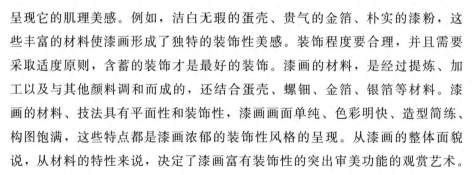

呈现它的肌理美感。例如，洁白无瑕的蛋壳、贵气的金箔、朴实的漆粉，这些丰富的材料使漆画形成了独特的装饰性美感。装饰程度要合理，并且需要采取适度原则，含蓄的装饰才是最好的装饰。漆画的材料，是经过提炼、加工以及与其他颜料调和而成的，还结合蛋壳、螺钿、金箔、银箔等材料。漆画的材料、技法具有平面性和装饰性，漆画画面单纯、色彩明快、造型简练、构图饱满，这些特点都是漆画浓郁的装饰性风格的呈现。从漆画的整体面貌说，从材料的特性来说，决定了漆画富有装饰性的突出审美功能的观赏艺术。

（4）延续性

大部分漆画作品在题材上以传统图案为主，这是这些作品的共性。在传统文化中汲取题材，不能单一的照抄、照搬，要把传统元素进行改造、重组，最后将这些带有传统文化的符号应用在漆画中，这样做既是对民族传统文化和民族精神的重现，也是把传统文化与当代社会的结合。漆画是一种文化艺术，不仅是传达视觉审美要素的作品，还是一种民族文化的延伸、精神传承的象征，更是倾注了现代人在生活中对民族生命活动的精神沉淀。漆工艺虽然是一种文化，但也更强调生活意蕴，能满足人的情感需求、生活需要。漆画在装饰性、文化性和点缀性方面，不仅具有极高的审美特点，还具备了在实用领域拓展的可能性和使用性。

（5）创新性

漆画的创新性在观念性创新和表现形式创新方面呈现。

漆画的观念性创新，指的是任何艺术家都需要有优秀的艺术构思，在走出旧观念、局限下进行创作。穷则变、变则通、通则灵。因此，在个人观念和艺术构思上，应该向多种艺术风格共同发展方面努力，不断在自身领域下寻找新的创作空间，促进漆画艺术的多元化发展，开拓漆画发展的新局面。

在科技的不断发展下，新的材料、工艺技法渐渐出现，这就要求艺术家们需要不断探索漆画新的呈现形式、寻找新的艺术语言，并且通过构图、造型、色彩、材料、技法不断地进行实践、变革，最后发掘到属于自己的新的漆画的呈现形式。不只如此，还需要艺术家对材料进行不断研究，并且应用在实践中，更要开阔思路、丰富想象，将自身的艺术构思、所需材料、工艺制作相结合，这样才能创作出具有独特内涵、新形式的漆画作品。

（二）漆画在室内设计中的作用

漆画的特点、优势，使漆画应用在室内设计中具有营造室内氛围、增加文化内涵的作用，在个性空间营造方面、室内风格形成方面、推动室内设计发展方面，都有着不可替代的重要意义。

1. 丰富空间层次

空间是由面的组合形成，空间效果的进一步提升在于面的深化。漆工艺既是装饰的一种方式，又是人文精神在室内空间的呈现，对于环境空间界面、隔断等的装饰，漆工艺能够使空间呈现丰富的内涵，同时提升室内空间的艺术意蕴，实现营造室内意境的目的。

将活动界面的空间分割，通过独立的漆画作品实现空间分割，以此营造空间层次感，这种方式在室内设计中较为常用。这种装饰形式，在今天也被广泛地应用在室内空间装饰中。例如，将实用、审美相结合的漆屏风，就是传统分隔空间常用的方式。漆艺家具、漆塑也有分割环境空间的作用，其中，属漆塑的分割效果最好。这两种分割方式既有分割空间的作用，也有一定的艺术观赏性，能够组成感知空间，由于观赏价值高，也经常使室内空间环境富有浓厚意蕴。不只如此，漆工艺的色彩、质感、肌理与界面的对比，更是呈现了漆画能够丰富室内空间层次的作用。漆画作为点缀色被应用能够活跃空间氛围。由于界面经常是作为主体的背景而存在，当漆画色彩作为主导色被应用的时候，能够提升主体色调的呈现、材质肌理的调节。例如，墙面的光洁与局部漆艺装饰材质的糙涩，以及隔断和家具等材质表层的处理和整体空间材质的对比等，都是指大面积与局部细节的质感与肌理的对比。漆画的装饰品也能在细腻之处丰富材质肌理，起到对比的作用，提升装饰意蕴，同时提升室内空间灵动感、丰富室内空间视觉感受层次。

2. 传达文化意蕴

漆画有着悠久的发展历史，不只如此，还有着丰富的文化内涵和艺术价值，漆画还是中国古代劳动人民物质生活的重要组成部分。目前，漆画融入室内设计，不仅增强室内设计的实用性、美观性，其本质也是对传统文化的一种呈现。漆画融入室内空间的应用方式主要是器物、隔断、家具、陈设品的布局等，从这些载体中能够传达出传统文化的意蕴，这也是呈现民族文化以及满足人们精神需求的重要途径之一。漆画具有的包容性、独特性使其在室内设计中有很大的发展空间，不论是从文化形态方面，还是空间与审美功能方面，漆画都体现着重要的价值。

3. 营造个性空间

科技的不断发展，使物品等都得到批量生产，这些机械制品会使人感受到单一性，同时，居住者在自身的居住空间方面追求的是富有个性化的室内设计。漆画应用在室内设计中，能够满足人们的精神需求。漆画的艺术性、绘画性都具有明显的个性化特征。例如，自然材料、漆、木板、蛋壳、金属等。由于漆画的材料丰富，因此，将不同的材料相结合就会产生不同的画面效果，从而形成独特的审美意蕴，结合后具有的丰富性对各种艺术形成、艺术风格都有着一定的包容性、适应性，同时满足居住者对室内空间的个性需求。

（三）室内设计中漆画的表现类型与特点

1. 漆艺在室内设计中的类型

（1）漆画

漆画由传统工艺发展而来，漆画以漆为主要材料，漆画表现方法多样，并且具有装饰性的审美功能。优秀的漆画作品，要求有熟练的漆工艺技术，还要求漆画家发挥主观能动性，创造性地运用漆工艺，只有不断探索新材料新工具才能促进漆画的发展。漆画作品展现出来的艺术性和文化性使它极具艺术价值和收藏价值。

漆画的主要表现形式是磨漆画，在以前，中国的磨漆画曾受到越南的影响。磨漆画主要的制作工艺之一就是磨，这也是其最大的魅力所在。通过将不同的颜色层层相加后进行打磨，从而得到令人眼前一亮的画面效果。

（2）漆家具

自古代以来，漆家具就一直是室内家具的主要构成部分。漆家具的历史悠久，且具有浓厚的民族风格。在室内设计中，漆的应用主要在漆与现代家具设计的结合方面呈现，同时，家具也是室内空间设计的重要组成部分。漆家具是在传统漆艺的精华和现代家具的设计风格相结合下形成，其不仅具有深厚的文化意蕴，还提升了现代室内设计的理念。中国家具的鼎盛时期是在明清时期。漆工艺具有浓厚的民族特征，因此，漆家具深受人们的青睐，并且吸引人们收藏。漆家具的主要形式是雕漆，在室内空间中应用漆家具，能够起到衬托室内氛围的作用。例如，案几、花台等。

漆屏风是漆家具的重要物品之一，其具有极强的实用性、美观性。漆屏风的实用性主要在空间的功能方面呈现，起到分隔空间的作用，同时还具有遮挡作用，提升空间的层次感。漆屏风的美观性主要在其端庄质朴的颜色方面呈现，其制作工艺更是神秘变幻，且具有丰富的肌理。不只如此，漆屏风还是民族与文化的象征。在古代，漆屏风的应用广泛，大多以实用性为主。现如今，漆屏风的主要作用是装饰。从古至今都是以漆为主要媒介，将漆屏风应用在室内设计中，能够提升室内环境的民族气息和文化意蕴。在古代，漆屏风有着吉祥的寓意，而且屏风的应用非常灵活，在种类上主要有插屏、挂屏、升屏，在漆工艺上主要有木雕、漆艺。漆屏风具有传统漆艺的内涵和特征，在屏风上题诗作画能够提升屏风的文化意蕴。唐太宗曾将他的治国之道作为漆屏风的题材，以此起到传扬歌颂、警诫说教的效用。漆屏风上绘画、题诗，主要以五代名画《韩熙载夜宴图》最为著名。

（3）漆器

从历史的发展情况来看，漆器与人们的生活始终是紧密相连的。漆器在陶瓷之前就已经出现，并且漆器极具实用性，曾被广泛应用在生活中的各行各业。随着社会的不断发展、漆工艺的不断革新，漆器逐渐发展为观赏性和陈设性的装饰品，经常是在各种器物上进行彩绘、描金、填漆和喷绘等，尤其是在器胎上要漆至一定厚度才可以，然后在上面雕刻图案，还有就是在漆器上镶嵌金、银、铜、螺钿、珍珠、玉牙、宝石等，这些手法能够使漆器具有华丽璀璨的美丽花纹。应用在室内空间中的主要是漆器与漆塑，漆器和漆塑具有点缀、装饰作用，在室内环境中起着画龙点睛的效用。唐代的金银平脱、元代的雕漆、明代的百宝嵌、清代的脱胎漆器等，各代都有着属于自己的特色名品。中国的漆器有着上千年的文化积淀，悠久的民族文化和历史文化，在历史的积淀中赋予其独特的艺术意蕴和生动的人文内涵，这些使漆器不仅是实用性与审美性的简单结合，更是民族文化与精神文化的传承与象征。中国漆艺历史悠久，并且漆器种类繁多，曾是人们生活中的重要组成部分，因此，被人们广泛应用。早期的漆画是在器物这种载体上呈现的，在汉代，随着政治经济的稳定和发展，漆器已经走向了成熟的阶段。

(4)漆壁画

漆壁画是漆画的新形式，漆壁画的尺寸不被限制，且能与墙体相统一。漆壁画是漆画的拓展。现代漆画与建筑设计、环境艺术设计等息息相关。漆壁画通常不加外框，这种方法能使墙体、窗框相互呼应，同时漆壁画能够起到装饰美化的效用，还可以完善空间环境、补充空间划分的不足。漆板也是一种装饰材料，其应用能够发挥装饰材料的作用。漆壁画的尺寸较大，因此，经常被应用在室内设计中的公共空间，不止如此，漆画具有的工艺性和颜色优势决定了其大面积的装饰性。漆壁画、漆屏风、陈设品等，都能够应用在公共艺术设计中，使漆艺陈设品的特色更加鲜明。在追求溯源、回归自然的观念下，漆艺的独特的审美感和手工制作痕迹，以及具有文化内涵的传统艺术，使人们的精神需求得到满足。

漆画的工艺具有强大的艺术呈现力，这也使漆画与公共艺术能够更好地融合。漆画的题材多种多样、表现形式丰富，而且具有材料丰富、肌理多变等特点，这些都是漆画作品能够给人一种强烈的视觉冲击感的重要因素。漆画的这些特点使漆画与各种空间环境都能很好地融合，因此，漆画也是公共艺术进一步发展的重要组成部分。

例如，沈阳的玫瑰大酒店，该酒店位于沈阳中街上，是以玫瑰为主题的酒店，在设计思想与现代艺术有机的融合下，使建筑之形成独特的风格意蕴。大堂中的一幅大型漆壁画，就是整个店面的设计中最突出的地方。两幅《玫瑰花》，都在色彩上呈现了酒店的风格和文化，作品的风格特点既与现代时尚相符合，也含有高雅意蕴，与该酒店的主题相符合，再加上富丽堂皇的盛世之风，使整幅作品呈现金碧辉煌、高贵典雅的意蕴，从而使整个酒店大堂极具富丽堂皇之感。

现代的漆壁画一方面延续了漆画的基本特性，另一方面都是以漆作为表现语言，与此同时，加以材料相结合应用，就能通过绘画呈现画面的主题。

漆壁画主要依靠建筑和环境设计呈现，应用在酒店礼堂、医院大厅、体育馆、健身馆、图书馆等室内，不同的题材会给观者带来不同的视觉感受。漆画和漆壁画，都是在有着悠久历史的漆艺术中发展而来，历经时代发展、变化，使漆工艺更具古典意蕴。

2. 漆画在室内设计中的特点

(1) 平面性

漆画主要以平面的形式呈现。传统的漆画最早是在器物的形态上进行绘制的，现代的漆画是在平面上绘制，这也是源于纯粹的技法工艺、材料等，这也使漆画的发展空间更加广阔。漆画具有独特的材料、技法，这使其得以应用在室内空间中。漆画主要是突出材料技法、图案肌理的独特工艺性和审美价值，这样就使漆画的内涵更加丰富。

(2) 综合性

就材料的综合性而言，制作者通常把材料以综合、整体的形式呈现，也就是制作成艺术品。漆画是由各种不同的材料组合而成，具有不同的特征。大漆产自漆树，是天然的物质，加工成材料后可以应用在漆画上，大漆具有含蓄、深邃、优雅的特性，与其他材料不同，且极具艺术价值。设计师经常应用大漆装饰室内空间，起到减少室内污染的作用，并且以大漆为材料的漆画也具有一定的耐腐蚀特征，传统大漆应用在漆画上的制作周期漫长，制作者需要在规定要求的环境下制作漆画，既要有一定的空气湿度，还要有荫室。随着时代的发展，化学合成漆已经得到普及，应用化学合成漆制作漆画，不仅对环境无特殊要求还干得快，缩短了漆画的制作周期，对大漆起到补充作用。

就技法的综合性而言，传统漆画应用的技法都非常高超，因此，好的漆画作品往往可以呈现各种高超的技法，这也是技法综合性的体现。例如，在一幅画面上，预先将蛋壳粘在漆板上用作留白，接着在此基础上撒上不同颜色的粉，待画面产生不同效果后，既可以变涂，也可以堆漆，这就使各种技法都在一个作品中得到了展现，即多种技法的综合应用。漆画的创作具有不确定性，制作者在制作过程中应用的技法不同，形成的肌理、图案都会不同，从而赋予漆画独特的艺术性。漆画技法的综合性赋予了漆画神秘的面纱，也正是漆画技法的综合性才吸引了众多艺术家终身投入漆画的创作中。

（3）多样性

漆画的制作需要优质的材料和高超的技法，材料和技法的综合性就是漆画的主要表现形式，漆画的材料和技法的多样性会使漆画产生不同的表现形式。漆画的主要材料是大漆，有时也会应用化学合成漆制作漆画；制作漆画应用的蛋壳可以是鸭蛋壳，也可以是鸡蛋壳，蛋壳的应用依照漆画的整体色调决定；在漆画中应用成张的铜箔或铝箔都可以，或者应用金粉、银粉，这些应用呈现的都是漆画技法和材料的多样性。设计师在进行室内设计时，应用不同的材料、技法制成的漆画，所呈现的效果是不同的，漆画作为室内设计的元素之一，对提升室内空间的文化意蕴起到了重要的作用。

二、漆画在空间界面与陈设品上的应用

（一）在空间界面中的应用

漆画应用在室内空间，一方面，能够丰富室内空间的设计元素。另一方面，能够使漆画的价值得以弘扬和传承。把漆画作为空间元素应用在室内设计中，能够使室内空间更加美观，更具文化内涵。

1. 漆画在墙面上的应用

在室内空间方面，墙面是室内空间组成部分中面积最大的，墙面在空间呈现的是立体形式，不仅如此，墙面也是居住者在室内空间感受最深的部分。设计师在进行室内设计的时候，不仅需要考虑漆画的肌理，还需要使漆画与墙面完美结合，这就要求设计师需要注重漆画的题材和图案。传统图案具有深厚的文化内涵，设计师要想应用漆画烘托室内空间的氛围，可以与传统图案相结合，这样做既能丰富室内空间的设计元素，还能打造充满文化意蕴的室内空间。

2. 漆画在隔断上的应用

隔断应用在室内空间，能有效地分割空间，使室内空间更具灵活性。例如，屏风等隔断。在隔断上应用装饰元素，能够提升隔断的美观性，或者利用隔断的功能进行设计。例如，隔断有遮挡视线的功能，使其与漆画合理融合，能提升隔断的文化之美，使漆画的优势充分发挥。可以应用在隔断上的图案非常多，例如，写实的、抽象的图案等，这些图案的应用都可以突出文化的意蕴。设计师需要充分发挥漆画的应用价值，打造具有深厚文化底蕴的室内空间，使传统文化得到弘扬。

（二）在家具与陈设品上的应用

1. 在家具上的应用

明代时，家具的制作工艺非常高，因此，这时的家具是非常经典的。曾一度在人们的日常生活中被广泛应用。如今，科学技术的发展，使漆家具产生了一定的变化，同时也更符合当今时代的人们的需求。就现代家具来看，不仅需要具备实用性，还需要满足居住者对家具的审美需求。将漆工艺与家具合理结合，需要思考家具的结构，同时把漆工艺的技法合理应用，从而满足居住者的审美需求。在整个室内空间中，家具与居住者息息相关，现代的家具在使用功能、广泛性、造型方面都具备多样性，因此，家具不仅具有实用性，还具有一定的审美性。古代家具讲究髹饰、涂刷，现代的家具已经可以不对家具进行髹饰与涂刷了，而是把重点转移到家具与漆工艺的融合方面，目的是使家具更具实用性、美观性以及文化内涵。设计师在把漆工艺与现代室内设计相结合的时候，需要考虑家具的整体造型与结构特征，还要结合各种技法在合适的部位对材料进行髹饰，以此增强家具的美感、品位，创作出符合居住者需求的室内设计作品。

在室内空间中，家具是人们在日常生活中长时间接触的物品，对人们的日常生活起到重要的便携作用，因此，家具的髹饰应当应用无污染的材料。大漆的天然性符合绿色生活的理念，应用在家具方面可以减少化学合成漆带给环境的污染。在应用大漆装饰家具表面的时候，需要在一定的环境下操作，这样制作出来的家具才会呈现漆之美。就制作环境而言，大漆对制作环境的要求非常高，因此，要与现代科学技术相结合，使大漆的制作简化，避免工艺技法、程序、环境、时间的限制，以此提升操作的可行性。此外，化学合成漆对环境具有一定的危害，因此，在应用的时候应当注意不能大面积使用。室内空间的设计和装饰都应该以人为本，就大漆的应用而言，可以提升居住者的舒适度。

图形与家具可以结合在一起，这种应用方式主要分为两类。一是对传统图形的描摹、再现、组织构成。二是在家具中融入抽象化的图形。这种结合方式，需要设计师选用合适的图形进行抽象化，再通过一定的手法把家具与抽象化的图案结合，在视线的汇集处添加图案，根据对称性原则使图案呈现完整的效果。选用传统图案可以提升家具的文化内涵，彰显居住者的审美品位。

就在家具中融入传统图案来看，设计师需要在传统图案中提取需要的优质元素，再把优质元素打撒、变形，使元素形成新的图案，即在保留传统文化内涵的同时进行创新。这样制作而成的图案既有传统文化的内涵，也有当今时代的特征。

就现代图形的应用来看，设计师在把这些图案应用在现代室内设计中的时候，需要先把这些图形依照现代的设计理念重组，使这些图案与室内设计的风格相符合，利用点、线、面的组合与对比呈现完整的效果。在应用这些组合好的图案进行装饰的时候，要考虑这些图案的大小，放在合适的位置才能凸显图案的装饰性。设计师在现代室内设计中应用传统漆家具，能打造出具有传统文化意蕴的室内空间，使居住者感受到室内空间的古朴氛围。就现代室内设计而言，家具占据大部分的室内空间，因此，适当的摆放家具可以提升室内空间的整体氛围。此外，传统的漆家具包括茶几、条案、花台等，这些应用在现代室内设计中都能促进室内空间的整体氛围，并都对室内环境起到映衬、点缀的作用。

2. 在陈设品上的应用

就漆画在陈设方面的应用来看，漆画这种装饰品需要悬挂、摆放在合适的位置，这样既不会显得室内空间杂乱，也不会显得漆画在室内空间中突兀。不同形状的漆画摆放、悬挂的方式不同，但是都能提升室内空间的整体效果，因此，漆工艺与陈设品应当结合应用，打造舒适和富含审美意蕴的室内空间。

（1）界面悬挂陈设品

就界面悬挂陈设品而言，包括漆画和漆艺品。设计师把种类装饰品应用在现代室内设计中，都能提升室内空间的整体文化意蕴。漆画可以单独地挂在墙上，这种独立的艺术品可以完美地与室内空间融合，突出室内空间的氛围，增强漆画的装饰性。设计师在把漆画应用在室内空间之前，要考虑漆画的尺寸、形式、材质、内容等，这样才能选取到适合室内空间的漆画。此外，还有一些陈设品具有极强的美感和文化意蕴，例如，挂盘，设计师在应用这种装饰品到室内空间的时候，需要考虑这种装饰品的结构，要使其与墙面相符合。漆艺品的造型具有形式感和画面感，设计师需要注意漆艺品的材料、肌理，选用合适的漆艺品才能突出其美感，与其他墙面装饰品相比，漆艺品更具文化内涵，同时更耐腐蚀。

（2）台面摆放类

就台面摆放类的装饰品而言，漆器、器皿、漆艺台灯等都是具有深厚文化底蕴的装饰品。漆器从制胎、刮灰、打磨、镶嵌到罩漆、推光，这些工艺流程都融入了传统手工艺的特征，呈现的是中国优秀的手工艺术，因此，漆器具有非常高的收藏价值与装饰性。与其他陈设品相比，漆艺品占有重要的地位，且富含文化特征，对材料和技法的要求极高，不只如此，漆器也是漆文化的载体，对漆文化的传承和弘扬起到了促进作用。

（3）空中悬垂类

就空中悬垂陈设品而言，这些陈设品被应用在现代室内设计中，可以烘托室内的氛围，起到点缀室内空间的作用。例如，漆艺吊灯等。设计师在进行室内设计的时候，通常把空中悬垂类的陈设品放置在视觉中心，这样可以吸引观看者的目光，起到丰富室内元素的作用。例如，灯具的应用，在漆的髹饰下，使灯具更具文化内涵，应用在室内空间，能提升室内空间的层次感，并且，大漆应用在灯具上产生的肌理是独特的，夸张的漆色使灯具富有艺术性，漆色与材料的融合使灯具具有变化性。漆艺品的色彩、肌理都是其他工艺品无法比拟的，漆艺品具有传统漆艺的特点，追求色彩、肌理的变化。设计师在室内空间应用传统漆艺品，不只是呈现漆艺品的文化特征，更是从整体上烘托室内的艺术氛围，同时也是传承和弘扬漆文化的一种方式。

三、漆画的材料属性分析

漆画主要有两种属性，一是色彩，二是肌理，其属性包含图案、色彩、肌理、材料、技法等，以及漆画在室内空间中的应用方向。

（一）漆画色彩分析

古人对色彩的应用非常讲究，会将红色应用在墙壁或者漆木碗上，这些应用方式，都反映了古人热爱红色。不同的时代，对色彩的应用是不同的，各个民族对色彩都有独特的认知。色彩不同，表现出的含义不同，例如，红色类似太阳，因此，红色灼热，且具有美好幸福的寓意，象征着中华民族的精神；黑色类似夜晚，因此，黑色庄重、深沉。此外，红色和黑色可以形成颜色的对此，同时也是中国漆文化中重要的颜色。制作者在漆画中应用红色和黑色，可以提升漆画颜色的视觉感，突出漆画的特征，还可以把红、黄、赤、蓝等多种颜色都应用在一幅漆画中，这样做可以产生层次感，给观赏者以惊艳的视觉效果，给漆画注入新的活力。湖北、湖南出土的漆杯，是以凤鸟纹进行装饰，采用红黑两色，增强漆器的视觉感。

在漆画的制作上，制作者常会应用黑色，这样制作出的漆画具有黑色的神秘感。设计师在选用漆画装饰室内空间时，也会选用以红、黑为主色调的漆画，这样的漆画常会给人惊艳的视觉感。红、黑两色是展现漆器独特意蕴的颜色，因此，中国人经常通过悬挂红灯笼、红对联、红喜字，表达喜悦的心情和喜庆的氛围。

1. 漆画的色彩特征

（1）漆画中材料的颜色

就漆画中的黄色而言，在古代是华贵的象征，皇帝的龙袍、黄金冠、金印都是以黄色为主，彰显其高贵的身份与权力。此外，制作者把黄色与漆器融合，可以使漆器具有美好的寓意，常见的金、银、铝、铜等材料也都被应用在漆画中，其中，金属色可以当作黄色应用在漆画上，这样金属黄可以使漆画更具光泽，与其他的颜色相比，金属的颜色更胜一筹。

就漆画中的白色而言，这种颜色的漆通常是天然的，在使用的时候，可以配合一定的颜料，这样融合而成的新颜料可以使颜色更好地被呈现，但是，需要注意这种白色的颜色易被其他颜色染色，因此，需要对白色的颜料多多注意和保护，防止白色与其他颜色混色。

　　制作者在制作漆画的时候，也可以应用蛋壳代替白色，只需把蛋壳压碎就能得到白色，再把碎蛋壳镶嵌在器物表面，就可以充当白色颜料，优点是蛋壳的颜色明亮，且打磨后的肌理十分美观、大方自然、富有变化，这说明蛋壳适合与漆画融合在一起。蛋壳所表现出的效果有很多种，包含物质性、直观性，且蛋壳打磨后的质地是其他材料不能比拟的。不同的蛋壳的物理属性是不同的。鸡蛋壳接近肉色，属于暖色系，鸡蛋壳有白色、浅褐色、深褐色等。鸭蛋壳接近青色，属于冷色系，鸭蛋壳有白色、青绿色等。就鹅蛋壳的颜色来看，是所有的蛋壳中最白的，鹌鹑蛋壳的表面有褐色的斑点，不同的蛋壳的颜色也不同，因此，在漆画中的应用也是不同的。

　　漆画是具有工艺性的作品，从材料的处理和技法的应用上，都可以发现漆画的工艺性，漆画用蛋壳镶嵌是一种非常好的表现技法。蛋壳可以通过镶、磨的方式形成可以应用在漆画上的粉末，这些打磨后的粉末在一定的技法下可以提升漆画的特征和品质。制作者通常是把蛋壳以打散、拼贴、晕染、研磨的方式，使蛋壳的肌理更加细腻，再将这种打磨好的蛋壳粉末应用在漆画上，可以给人展现一种朦胧的视觉美感。蛋壳经过雕刻后，会更加尖锐、锋利，其肌理也会增强漆画的独特性。

　　除蛋壳可以当作白色应用在漆画方面外，贝壳也可以当作白色应用在漆画方面。贝壳包括鲍鱼贝、珍珠贝等，这些都属于钿，贝壳的里层是螺钿，有多种颜色且色彩明亮。制作者应用螺钿镶嵌在漆画中，不仅可以提升漆画颜色的质感，还可以增强漆画的细节美感。例如，应用螺钿制作的花瓣，不仅肌理细腻，更能带给观赏者一种奇妙的视觉感。螺钿也可以通过打磨制成颗粒状的粉，同样可以应用在漆画上。

　　银也能够应用在漆画中，通常是代替漆画中的白色，制作者将银加工成箔片或者磨成粉，之后就可以应用在漆画中。

　　铝与银相似，二者应用在漆画中的作用相同。除这些白色颜料外，当今时代下的新型材料，也是制作漆画的重要材料。

　　就化学合成漆的颜色而言，大漆从树上获取后会慢慢变成黑色，因此，需要化学合成漆与大漆融合，以此制作出更丰富的颜色，补全漆画缺少的颜色。化学合成漆的颜色非常多，合理地调和可以形成多种颜色，这就使大漆的颜色得到丰富和补足。制作者在漆画中应用化学合成漆可以突出颜色的特点。当今时代，传统漆艺品应用的颜色在不断地被创新，由此产生了独特的色彩体系，拓宽了人们对漆的色彩的了解。

(二)漆画的肌理

制作者应用不同的材料制作出的漆画的质感是不同的，漆画材料的大或小和软或硬，都会使漆画形成不同的肌理，以此给人不同的视觉感受。制作漆画的材料主要包括天然漆和化学合成漆，天然漆指的是大漆，化学合成漆指的是金、银、锡、铂、蛋壳、螺钿等，这些都是制作漆画的辅助材料。

1. 漆画材料的肌理

漆画肌理的特征主要有斑驳、光滑、厚重、透彻，当这些特征应用在漆画材料上时，不同的材料、应用、组合又能够产生不同的肌理效果。

肌理指的是生成物体表面呈现的纹理。肌理是不同形式的纹理变化，能够给人不同的视觉和心理感受。肌理主要以材料呈现，漆画的肌理性特征是漆画能够得到传承、发展的重要保证。在漆料中加入材料能够做堆漆，由此，画面会产生高低不平、凹凸起伏的效果。还可以做成变涂的效果，使颜色自然地在画面中流动、融合。磨漆画经过研磨会使画面具有层次感，呈现有起有伏的变化。漆画的肌理应用在室内设计中，要着重呈现肌理的质感。例如，在大型的公共空间中，漆画肌理可以通过适当夸张其材料的肌理呈现。例如，在家居室内空间中，漆画肌理具有存在且含蓄的特征。不只如此，要强调肌理的变化、统一，例如，大小、疏密、平衡、画面对比的统一。肌理的自然性、独特性是漆画价值的呈现，这也是室内设计中呈现创意、个性的一种表现方式。肌理在漆画中的地位主要是三种。一是处于主导地位，这时肌理在画面中位于明显的位置，从视觉上能够给人一种强大的冲击力，同时起主体性作用。二是处于从属地位，这时肌理在画面中不占有明显的位置，即不位于主导地位，肌理是其他形象的陪衬，起辅助画面的作用，使画面中的主题更鲜明、具体，增强画面的对比性，提升层次感，虽然这里的肌理主要是辅助作用，但是肌理对整个画面都有协调的作用，能够使整个画面产生统一、和谐的美感。三是画面中全部由肌理组成，是指整个画面中，全部是肌理的形态特征和色彩特征。有很多的漆画形式都是全部肌理，这种全部肌理的形式能够更好地呈现创作者的主观感受，且肌理多为抽象形式。肌理的处理手段促进了漆画的发展，并且开辟了新的道路，拓宽了漆画的呈现方式。

2. 漆画肌理的应用

肌理在漆画中能够借用其他材质进行组合。例如，对表面肌理进行加工处理，强化材质表面肌理的表现形式。在漆画创作过程中，将带有布纹的棉布的一面刷上一定厚度的漆（这种漆可以通过漆加滑石粉制成），刷好后将布粘在漆板上，在规定的时间后撕下布，由此，就会在上面产生自然的布纹肌理，接着可以在上面应用各种颜色，同时将漆画打磨后，布纹也经过处理，从而使表面呈现丰富的颜色，利用棉布的自然肌理强化了布纹的褶皱，在进行肌理制作的过程中，对类似棉布的原材料进行加工，由此能够保留材料的自然之美，在漆画创作过程中，要依照画面的具体要求与材料合理结合。漆画能够应用的材料和工艺非常多，在一种材料下，会有多种肌理，这些都需要创作者不断发掘。在漆画与其他画种不相似的原则下，漆画就有了多种类型，不使漆画与其他画种表面的效果相似，从而提升漆画的独特性和意蕴。在肌理的创作过程中，通过磨、埋、粘的独特技法，使漆工艺具有独特的语言。在画面中要重视肌理呈现，不能滥用，同时掌握适度原则。

3. 肌理的创作方法

漆画的肌理呈现方式很多，例如，镶嵌、堆漆、变涂等方式。在肌理制作中，经常使用的是镶嵌方式，镶嵌的材料包含蛋壳、螺钿、金属等。

（1）蛋壳镶嵌

在漆画的色彩中，经常应用蛋壳替代漆画中缺少的白色。鸡蛋壳与鸭蛋壳的色系不同，因此，在进行肌理创作时，需要依据不同的题材应用对应色系的蛋壳。例如，白色的蛋壳可以用来呈现亮部，青绿色的蛋壳可以用来呈现阴影部分，由此，就提升了整个画面的层次感。不止如此，蛋壳的呈现效果很好，因此，在漆画中应用蛋壳呈现房屋的墙以及白色的雪等。

（2）金属镶嵌

在汉代，金属镶嵌又名"金银扣"。在唐代，金属镶嵌又名"金银平脱"，将金银打磨成薄片镶嵌在漆板上，还能够将线镶嵌在漆板上。例如，铜线、

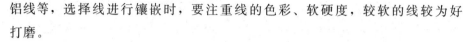

铝线等，选择线进行镶嵌时，要注重线的色彩、软硬度，较软的线较为好打磨。

（3）堆漆

将漆粉融入滑石粉、木屑、漆皮、蛋壳粉后，依照之前在漆板上勾画好的图案做堆漆的效果，堆起的部分较高画面就会呈现浮雕的效果，之后再对高起的部分进行加工和打磨，从而达到优质的视觉效果。

（4）变涂

变涂需要借用自然界的物质，例如，树叶、纸片、烟丝、麻袋片等。模仿自然的纹理呈现肌理的效果，在不断地发掘和实践下把各种材料应用在漆画肌理的制作中。在做变涂时，漆板上需要涂厚厚的漆，将自然的材料粘在漆板上，等到半干燥时将材料揭下，由此，漆板上就会有斑驳的肌理痕迹。同时，还可以发挥主观能动性进行创作，以树叶做出的肌理效果为例，用树叶做肌理需要注重叶脉的清晰度，应当选择带有清晰叶脉的树叶，再把树叶压平涂上厚漆，根据画面需要将树叶贴好，等到漆半干燥时把树叶取下，由此，漆板上就有了树叶的痕迹，最后通过罩上腰果漆进行打磨。

（5）拼贴和变涂组合

将拼贴、变涂合理组合，在制作过程中能够应用很多材料，例如，棉布、图钉、铅笔屑等，在根据画面的需要把这些材料合理组合。

（6）流淌法

将色漆稀释在画面中，通过泼洒使其产生流淌痕迹。制作流淌痕迹有多种方式，例如，滴、泼、甩等，同时要注意效果控制。

四、漆画在现代室内空间中的定位和发展趋势

（一）漆画在现代室内设计中的优势

在室内设计中，需要对漆画的应用不断地探索和研究。漆画既能提升室内空间的艺术意蕴，也能提升室内空间的文化内涵。同时，漆画材料的特征使漆画在室内空间的应用方面占据重要的位置。想要漆画得到传承和发展，就需要把漆画与日常生活相结合。在当下，除提高创作者对漆画工艺的认知

外，还需漆艺家、室内设计师不断地探究漆艺的应用范围，把漆艺与室内设计合理融合，从而提升室内空间的艺术氛围，增强室内空间的民族文化意蕴。漆画既是一种装饰的方式，也是人文精神的呈现载体。对于漆画的装饰性，主要有以下几点优势。

1. 提升环保性，营造室内空间自然氛围

现代社会的发展非常迅速，科技也在不断进步，工业的发达使大量的装修材料被生产，这些材料含有大量的化学成分，应用在室内空间会造成环境污染，危害居住者的身体健康。源自自然的大漆，不仅具有天然性，还对环境没有污染，应用在室内空间既能美化室内环境，还能提升室内空间的自然氛围，使室内装修符合绿色设计理念。

除此之外，大漆经中医研究者研究发现，其具有一定的药用功效，且在《本草纲目》中指出古代大漆就已经被人们用作药物。因此，大漆与室内陈设品、家具相融合，能够减少污染，不止如此，漆具有自然的含蓄之美，这能使人们满足对回归大自然的精神需求。

2. 艺术化的装饰效果

大漆具有深厚的文化底蕴，并且包容性强。大漆可以通过多种方式呈现漆之美。例如，应用大漆制作的漆画作品和漆工艺品等，这些物件都可以呈现大漆的美感。应用大漆制作的漆画含有优雅、自然的特点，这些特点是漆画独有的，且漆画的特性使漆画的色彩可以长久保持。漆画具有独立性，这一特性使材料的特点被充分发挥，呈现多样、丰富的肌理，把这种具有丰富的文化内涵的漆材料应用在漆画中，不论是大面积的整体装饰，还是小面积的点缀，都会使漆画具有独特的美感和古典意蕴。漆画除具有美化室内空间环境外，还具有收藏价值，是一种极具艺术美感的作品。设计师在室内空间中应用漆画，可以赋予室内空间艺术氛围，提升居住者的审美观念。

3. 呈现民族特色

传统漆画是中国传统文化中的一部分，设计师在室内设计时，通常会把漆画加以应用，以此呈现现代室内设计的古典意蕴。漆工艺制成的漆器也是装饰室内空间的好物品，富有文化气息，可以提升室内空间的文化氛围，彰显漆艺的文化特性。

漆画的历史内涵深厚,几乎各个朝代都有漆画的存在。漆画既是装饰品、艺术品,也是呈现传统文化的载体,含有深厚的民族精神。漆画应用在室内设计中,可以增强室内空间的东方意蕴,漆画以优质的材料、肌理,使其具有超强的装饰性,其内涵赋予室内空间诗意之美。设计师在进行室内设计的时候,需要把漆画进行合理的应用,这样才能满足居住者的精神需求。漆画作为传统文化的载体,向人们传递民族精神和传统文化,更好地促进传统文化的弘扬和发展。

4. 呈现居住者的审美观念

在工业化时代,科技使物品能够机器化的批量生产,正因如此,致使一些物化产品千篇一律。现代的人们崇尚个性,对时尚有非常高的追求,因此,需要设计师就室内设计提升设计风格,好的室内设计可以呈现居住者的审美品位。为了满足居住者的居住需求,设计师不仅需要考虑室内设计的实用性,还需要使室内设计与时代相符合,现代人们追求时尚,因此,设计师可以在室内设计中加入时尚元素,这样才能更好地满足现代人的精神需求和审美需求。

设计师把漆艺应用在室内设计中,可以烘托室内空间的整体氛围。漆画工艺的载体多种多样,表现形式自然就丰富多彩,包括二维平面的漆画以及空间的陈设品。漆画的工艺技法非常高超,技艺高超的制作人可以通过刀刻出图案,还可以进行堆漆,堆漆后可以形成非常美观的肌理效果,也有的制作人把各种材料进行拼贴、镶嵌,这样制作出的漆画更具独特性。不同的漆艺技法应用在漆画中形成的效果是不同的,不同的效果产生的特征也不同。制作者在制作漆画的时候,会应用多种手法进行绘制,因此,完成后的漆画会呈现极强的视觉美感。漆画工艺的表现力非常高,设计师把漆画应用在室内设计中,是彰显居住者审美的重要物品,凸显居住者的文化涵养,同时烘托室内空间的文化意蕴。

总之,传统漆画与室内设计的合理结合,是具有重要意义的方式,室内设计既是漆画的载体,也是传承传统文化的载体,充分应用漆画的特征可以使室内空间的氛围更加具有文化内涵,漆画高超的技法传达出的精神是提升室内设计内涵的重要因素。设计师在漆画与现代室内设计的合理结合下,需要不断创新,促进漆画的发展,进一步弘扬中国的传统文化。

（二）漆画在现代室内设计中的定位

设计师把传统漆画应用在室内设计中的方式多种多样。漆画是一门古老的工艺技法，同时也是一种文化。设计师把传统漆画应用在室内空间，表现形式包括磨漆画、壁画，以漆家具、漆壁饰、漆器皿等为载体，以此展现漆画的文化之美。这些都是漆的表现形式，设计师经过合理的应用就可以打造具有古典意蕴、文化内涵的室内空间，呈现民族文化的大气之美。漆的特性除天然性外，还包括耐热性、防潮性、耐腐蚀性、绝缘性等，就这些特性来看，都是适合融入室内设计的优势。例如，大漆的环保性可以避免室内空间的环境污染，大漆的天然性符合绿色设计的理念等。由此可知，漆画在室内设计中的发展前景非常广泛。

1. 强化空间表现

室内设计是呈现设计师的创造思维的活动。室内设计的对象主要是界面、实体等，设计师把这些要素进行适当的装饰、美化，或者把界面分隔、连接，这些处理方式，都是对室内空间整体的设计，目的是营造舒适、理想的室内环境，满足居住者的需求。传统漆艺的美感是提升室内环境的重要因素，作为装饰应用在室内空间，能与室内空间合理融合，凸显室内空间的整体美。传统漆艺与室内设计的融合，是传统文化与室内设计的融合，是拓展室内设计风格的途径，对室内设计的发展起到重要的推动作用，对传统文化的弘扬起到促进作用。设计师在应用传统漆艺装饰室内空间的时候，需要多元化的进行艺术创作，合理地应用形式美的法则进行设计，以旧图案进行创新，从而形成新的图案，再加以应用，这样经过装饰的室内空间既有人文关怀的内涵，也有新时代的特征。

2. 呈现材料特性

漆画材质优质，肌理平滑，这都是满足现代人的审美的特征。就人们的日常生活而言，漆画能起到很大的作用，漆画融入人们的日常生活，可以提升人们的精神思想，漆画丰富的色彩和美观的肌理，都可以使人们的视觉需求得到满足。漆画的制作材料之一就是大漆，大漆的天然性使漆画深受人们的喜爱。因漆画对色彩的需求很高，制作者在制作漆画的时候也会应用合成涂料，这样可以使漆画的色彩被充分地展现。此外，合成涂料还可以应用在装修、装饰领域，丰富的色彩可以打造出个性的空间。

（三）漆画在现代室内设计中的应用原则

1. 整体性原则

设计师在进行室内设计的时候，要掌握好室内空间的整体氛围，要使室内空间的物品和谐统一，这样才能打造出接近完美的室内环境。室内设计讲究整体和细节的布局，不仅要突出室内空间的风格，还要使室内空间的细节和整体协调统一。设计师在进行室内设计的时候，通常会把一些艺术品应用在室内设计中，以此提升室内空间的艺术底蕴。与其他艺术品相比，漆画独有的文化内涵使其更具艺术性。材料和肌理是漆画的重要组成部分，只有应用好的材料制作，才会形成优美的肌理。漆画的肌理可以提升漆画的表现力，设计师在应用漆画装饰室内空间的时候，需要以肌理和色彩为主，选取适合室内装饰的漆画，这样室内空间在漆画的装饰下才能更具文化氛围。

漆画的应用还需考虑居住者的年龄、知识结构、有无民俗禁忌等问题，设计师应当保证选用的设计元素符合居住者的需求。设计师不仅要把漆画应用在室内空间，还需将漆画的文化性融入室内设计中，以此打造舒适且富有内涵的室内空间。

2. 适度原则

设计师在应用漆画装饰室内空间的时候，需要先根据漆画的色彩和肌理进行选择，再将选好的漆画与室内环境结合，这样选取的漆画才符合室内空间的设计风格。同时，对漆画的肌理的要求不能一味地追求肌理的丰富，要选取适合的肌理，这样不仅可以提升室内空间的整体氛围，还不过度装饰，室内空间的整体设计也因适当而更协调统一。

3. 均衡性原则

设计师在进行室内设计时，对室内设计的均衡性原则要细细领悟。均衡性是设计师需要把漆画的色彩、图案、材料、肌理与室内空间进行和谐统一的融合。例如，在室内空间的界面和家具上应用漆画，也可以将漆画陈设在台面上，只要保持室内空间的和谐统一，就可以展现漆画的装饰性。

4. 环保性原则

就现代的室内设计而言，绿色设计是室内设计发展的必然。现代人注重绿色环保和生态可持续发展，因此，室内设计中应用的装修材料和装饰品，都必须符合绿色设计的理念。选用绿色无污染的装饰品装饰室内空间，是人们对自身日常生活环境的要求。漆画的材料之一大漆，是天然的漆液，经过加工就可以制成漆画所需的颜料，色彩明亮，耐腐蚀。

（四）漆画在室内空间设计中的发展趋势

1. 漆画材料之装饰材料的应用

室内设计对材料的色彩与肌理非常重视，与其相比，漆画的工艺技法也注重材料的应用和肌理的呈现。漆画应用在室内设计中，能够与室内设计更好地融合，其优势不仅在于丰富室内空间的元素，还能呈现一种生态理念。例如，选择有机的材料进行镶嵌，呈现有机的生态性和天然的环境氛围。漆画的深厚历史，是设计师能将漆画不断发展的重要前提。

2. 漆画材料之与肌理结合的应用

传统漆画的制作工艺非常高超，所表现出的肌理也非常细腻、平滑，并形成了完整的技法语言。不论是传统漆画的材料，还是传统漆画的应用，都对室内设计有着非常高的价值，也都对人们的生活起到促进作用。传统漆画天然的材料是减少室内环境污染的主要因素，绿色的材料使人们在室内空间的生活更加舒适。漆画的装饰性是室内设计的点睛之处，漆画具有深厚的文化底蕴，是烘托室内空间氛围的重要艺术品。漆画的色彩丰富，与室内空间的色彩相互协调，漆画的材料可以与室内的装饰材料相对应，以现代艺术观念为基础，深刻研究漆画应用在室内设计中的表现方式，结合美的法则对媒材、肌理质感、工艺进行重组、构成，从而使室内空间更具有精神感染力。

只有经验但不对其进行合理应用是无法满足室内设计的需求的，因此，还需弥补以下不足之处。

第一，要灵活地把漆画工艺与室内设计合理结合，不断提升室内设计师和漆艺师之间的沟通与合作效果。

第二，善于在实践中求得真理，要对新材料、新技法、新思路不断思考，提升自身的综合实力，满足人们对室内设计的需求，营造环保、美观、舒适的室内空间。因此，设计师需要在传统工艺技法的基础上，利用现代科学技术不断实践、创新。

第三，学校设计专业应当增强对学生漆艺课程的学习，要不断加强对传统漆艺的研究和鉴赏。

第四，促进设计师之间的交流与合作。设计师应当主动借鉴传统漆艺元素，使室内设计作品更具文化内涵。

综上可知，要想把传统漆画合理地应用在室内空间中，就需要设计师对漆画的材料和肌理进行筛选，材质不同会使漆画的肌理和视觉效果都不同。设计师还需提升自身的实践能力，学会应用新型材料装饰室内空间，不断创新，使漆画与现代室内设计更好地融合在一起。

实际上，早前的漆工艺被普及的原因是漆工艺优越的装饰性，常见的由漆工艺装饰的家具有沙发、桌椅、漆屏风、漆画、漆器等，这些物品可以激发设计师的创作灵感，从而更好地在现代社会传承漆工艺。

艺术是在不断演变中形成的，且历史底蕴深厚。漆画是具有深厚历史底蕴的艺术品，是经过时代的演变积淀而成的艺术结晶。对漆画的应用，需要以科学、合理的方式，这样才能更好地在室内空间中展现漆画的美感，装饰室内空间，起到弘扬传统文化的作用，满足人们的精神需求。

漆画的发展使漆画逐渐成为漆艺术的代表之一。由于大漆源于自然，所以造价高、产量低，再加上漆树的种植技术、漆液的采集技术比较落后，因此，很难使大漆的获取达到标准需求。大漆的成本是大漆不能完全替代化学合成漆的原因之一，面对这种情况，不仅要加强科学技术的研发，增加大漆的产量，还要降低大漆的成本，促进大漆的普及，这样才能更好地维持生态的可持续发展。此外，人们对大漆的了解需要提升，这也是设计师需要提升的重点，设计师在进行室内设计的时候，要保证大漆的应用更科学、合理，这样才能打造出舒适的室内空间。就以大漆为原料的漆画而言，需要设计师知道漆画的工艺原理和应用原则，增强对漆画的掌握能力，促进设计师和漆艺家的友好合作，实现传统文化在现代的传承和发展。漆画是中国传统文化的遗产，设计师应当立足现实，在现实中找寻新的发展空间，促进漆画在未来室内设计中的发展。

第四章

传统文化之木文化在室内设计中的应用与发展

第一节　传统文化之木文化

　　木在人们日常生活中的用途非常广泛，从吃、住、行、用、穿等一些基本的生活用具，到人们日常生活所需的各个方面。木的应用呈现在人们日常生活的方方面面，已经与人类的日常生活相结合。从以下三个层面对木进行逐层深入的论述。

一、木文化概述

　　木文化，即人们生活中与木相关的人文教化、共同的木材价值观、木材的应用方式。从文化的结构层次来看，木文化可以分为外层、中层、深层三个层次，同时逐层研究。木文化的外层，即木文化的物质层，是由人类通过自身的劳动创造出的物质产品组成。木文化的中层，即由隐藏在物质层中的人的各种思想、情感和意志组成。木文化的深层，即价值观念、思维方式、审美情趣、民族性格、宗教情结等方面。木文化的研究范围是在木文化的中层、深层文化基础上，透过木文化的物质层面，分析其背后隐含的深层次的文化内涵。

二、木文化的表现形式

　　在表现形式方面来看，木文化有无形、有形两种。无形的木文化指的是人们与木、木材、木质环境相关的思想、行为、活动，由此，它的呈现方式比较复杂。有形的木文化的呈现方式多种多样，例如，木建筑、木家具、木雕、木乐器和生活用品等，在整体上是建筑构件、雕刻、陈设品三个类别。

　　在中国的传统建筑中，木材的重要性不言而喻。中华民族对木的深刻认知，应用榫卯结构搭建起全木质的建筑。例如，应县木塔。中国传统建筑中的两种典型梁架结构是抬梁式与穿斗式，这两种形式都是应用木材搭建的。斗拱结构不仅闻名世界，也是木文化的呈现途径之一。除此之外，木质匾额、木柱、门窗、隔断、落地罩、楼梯、隔墙等，这些木制品都是木文化在建筑中的呈现方式。

　　木文化在雕刻中的呈现方式是木雕。木雕在新石器时代就已经出现，在距今七千年前的余姚河姆渡文化遗址中，就有木雕鱼。木雕主要分为立体圆雕、根雕、浮雕三大种类。木雕本来是木工中的一个工种，由于木雕具有极强的艺术性，因此，从木工中缓慢分离出来后形成了一门独立的技艺。木雕的选材标准非常高，通常应用质地细密、坚韧、不易变形的树种进行雕刻，例如，楠木、紫檀、沉香、红木、花梨木、扁桃木、椰木等，一些结构复杂、造型细密的木雕作品，大部分是由这类较好的木材雕刻而成，因此，这些作品的收藏价值非常高。而椴木、银杏木、樟木、松木等，这些松软的木材适合用来雕刻造型结构简单，形象比较概括的物品。

　　在陈设品中，木文化多是通过木质家具呈现，例如，官帽椅、八仙桌、几、案、橱柜、架子床、鼓墩、榻等。除此之外，一些小型的生活用品也能呈现木文化，例如，木勺、木碗、木筷等木制品。

三、木文化的属性分析

（一）木文化的技术属性

　　木材具有可加工的特性，这是木材技术属性的表现之一。由于木材具有易切割的特征，因此，金属工具用于加工木材。木材这种易加工的特性，使生产力低下的新石器时期也能通过木材搭建具有保护功能的房屋，对人们的生活、劳动起到了重要的意义。木材是人们从事生产、生活的一种基本材料。周朝鲁班发明的锯，使木材的采取更加方便，同时也被广泛应用，促进了木文化的发展，同时一些木制品也呈现多样性。此外，木材的可加工性会随着时代的变迁而发展，不受环境和时间的限制，这一特性促进了木文化的迅速发展。

　　木文化可以提升室内环境的整体氛围，更易营造自然氛围的室内空间。从人文属性来看，木与人的关系非常密切。木材的可加工性使人们的生活更加便携，木材的多种应用提升了人们的生活质量，满足人们的精神需求。木材具有自然的特性，应用在室内空间可以提升人们的舒适度，调节室内环境湿度、温度，还具有杀菌作用。

在室内空间中，应用木质材料能够有效缓解室内湿度。室内湿度的高低都能通过木材呈现，室内湿度高，木材就会吸湿，室内湿度低，木材就能放湿，因此，使室内空间的湿度得到缓解。在室内空间应用的木材较多时，当室内温度降低，就会使室内湿度升高，同时由于木材具有吸湿的效用，因此，能够使室内空间的湿度保持在稳定的状态。在室内空间应用的木材较少时，整体的吸湿效用就会降低，会导致室内墙壁、地面出现结露。因此，要想减轻室内湿度，可以通过增加室内空间的木材的面积和厚度的方式，降低室内空间的湿度。

在室内进行装修的时候，木材的不良导体特性能够降低室外气温对室内温度的影响。因此，用木材建造的房屋，能够实现冬暖夏凉。对木质材料建造墙壁进行温度变化的探究发现，在夏季时，木质墙壁建造的室内的温度，比绝热壁建造的室内的温度低 2.4℃左右，冬季是 4.0℃左右。应用木质装饰材料装修室内墙面时，能够改善混凝土结构下的室内温度。

木材除调湿、调温效用外，其中蕴藏的精油能够起到杀菌的效用。红桧心材精油能够抑制大肠杆菌、金黄色葡萄球菌等菌类的生长，扁柏心材精油能够抑制金色葡萄球菌、肺炎杆菌以及产气性杆菌的生长。杉木精油对葡萄球菌、产气性杆菌、绿脓杆菌等多种细菌都能有抑制的效用。除此之外，木材中的微量成分，能够抑制螨虫的繁殖。

木材的加工过程与其他装饰材料的加工过程不同，木材的加工过程需要匠人有很高的技术。木材产自自然，生产耗能低，还具有净化环境的作用，正因如此，木材才能在生活的各个方面被普及。

（二）木文化的人文属性

古代人应用木材搭建房屋，满足自身的生存需求。那时的人们饱受自然灾害的威胁，因此，对大树和古树非常重视。人们对古树的生命感到敬畏，因此，对古树有着深厚的情感，并从古树上得到精神的满足。

随着时代的发展，人们对树木的重视不仅是对有生命的树，对木材也有很高的重视。木材具有独特的意蕴，木纹更是能够使人感受到一种生机勃勃的感受，让人感到亲切、自然。在日常生活中，木制品的应用能够呈现一种温雅、优美的氛围，还能呈现很强的地域性特征。因此，木制品是木文化传承的载体。这些木制品应用的木材都包含匠人的情感和心得，这也是木材的文化内涵之一。

在古代，古人经常把自然现象与社会现象进行对比，在主观上赋予"木"多种意义。在古代，"木"代表的是树。《说文》中指出：木，冒也。冒地而生。东方之行，从草，下象其根。因此，木的人文属性最早是从古人对树的重视开始的。"寒木春华"，树木的生生不息，这种精神与中华民族自强不息的民族精神相符，由此深受古人的重视。自古以来，中华民族就有"尚木情结"。在《春秋繁露》中指出：木者，春生之性。农之本也。《白虎通》中也指出：五行，木之为言触也。阳气动跃，触地而出也。在江浙地区的传统民居中，居民中的四棵大柱子分别用柏木、檫木、桐木、椿木制成，寓意是"百子同春"。

郑和下西洋促进了中国与东南亚的海上贸易，使大量国外红木能够运输到中国，同时红木的纹理优美、质地坚硬，在明清时期就已经得到广泛应用，而且受到贵族、文人的青睐。黄花梨木被江南的文人称为"文木"，且人们给黄花梨木赋予了一种独特的人格魅力。例如，在《广东新语》中，鸡翅木被称为"海南文木"，因其种子是红豆而被称为"相思木""红豆木"。

在时代的不断发展下，木的文化属性逐渐积淀，并形成了木文化独有的精神特质，应用在室内空间中，可以增强室内空间的文化意蕴。现代社会的人们始终对生活保持一种返璞归真的态度，这种心理表现出的是人们对自然的向往。人们重视自然，也想和自然和谐相处，享受源自自然的清新、淡雅。木材源于自然，人们在生活中应用木材的这种行为展现的就是人与自然的和谐相处。应用木材搭建的房屋具有自然意蕴，可以净化室内环境。

（三）木文化的艺术属性

木材具有深厚的文化底蕴和艺术属性。木材的光泽、纹理、质感等，都可以表现出木材的艺术属性。木材的艺术属性源于自然，并具有自然之美，木材的这一特性使木材被广泛应用在现代室内设计中。木材的材料唯美，颜色柔和，应用在室内空间可以增强室内空间的人文内涵。木材的纹样由中心向周围分布的特征，以橙色为主。木材的颜色较多，不同颜色的木材的应用方式是不同的，给人的视觉感受也不同。例如，红紫色的紫檀木，这种颜色的木材通常具有沉稳、厚重之美。红色的红影木，颜色给人温暖的感受。黄桦木色泽表现为橙黄、红橙，在江浙一带深受文人的青睐。木材中的木素能起到降低紫外线的作用，减少对人的皮肤、眼睛的伤害。此外，木材具有漫反射的效用，能调节光线，使光线看起来更柔和。不同的木材呈现的光泽不同，这与树种和构造有深刻的关联。木材光泽较强的树种有山枣木、椴木、桦木等。

木材独有的纹理可以使人感受到自然的视觉美感。木材的纹理多种多样，包括直纹、虎斑纹、山峰纹、龙脊梯田纹、行云流水纹、流沙汹涌纹、波浪滔天纹、鬼脸纹等，木材的纹理可以自成山水画，独有一番意境。《新增格古要论》中指出：花梨木出南番、广东，紫红色，与降真香相似，亦有香，其花有鬼面者可爱。木材的纹理自然且多变，与大自然的变化息息相关，古代的文人热爱大自然，对木材的应用正是一种崇尚自然、返璞归真的心态。不同的木材的触觉感不同，既有软的也有硬的，不同的木材具备的抗压弹性不同。就软木材而言，其触感令人感受到温暖，从而使人更容易与木材接触；就硬木材而言，其触感令人生畏。不同的木材含有的纤维不同，这与其粗糙度息息相关。就粗木材而言，给人的触感是朴实、自然、粗拙的感受；就细木材而言，给人的触感是细腻、温和、含蓄的感受。

时代的发展使人们的需求逐渐提升，在木材的应用上，应当提升木材的视觉美感，这样才能更好地满足用户的精神需求。设计师在进行室内设计的时候，需要对木材加深探析，合理应用木材天然性的特征增强木材的表现形式，以此呈现木材的颜色、纹理之美。现代的科技可以创造出木材的纹理，这种方式产生的纹理比自然形成的纹理更具光彩的色泽，样式更加丰富，同时更具立体感与艺术之美。木材的艺术性在宏观和微观方面都可以呈现，就木材微观的艺术性而言，木材的切片在显微镜下，可以看到木细胞呈现的视觉美感。经过艺术手法处理的木细胞图案可以应用在壁纸、面料等方面，具有极强的应用价值。

第二节　室内环境中木文化的精神内涵

一、木文化之精神内涵

木文化与中华民族共同发展，是多元文化的结合。木文化的精神内涵，是古人结合木的性质赋予人类自身的文化内涵和情感价值，是物的人化。

木文化之美学特征

1. 自然之美

魏晋人崇尚"简约玄澹，超然绝俗"，受道家"美在自然"的思想，产生了木的自然之美的意识。道家的自然之美渐渐成为后人追求自然美的审美标准。古人对心与万物的融合特别注重，是指用心感知事物的本性。天然的木应用在装饰方面，能直接呈现优美的纹理和自然的光泽，使自然与人们更容易实现心灵的交融。一切美的光是来自心灵的映射，没有心灵的映射，是无所谓美的。古人崇尚木的自然之美，除为达到心灵上的物我合一外，还追求视觉上的满足，这种视觉上的满足感会使人产生联想，给人带来一种新的心灵感受。例如，铁力木的纤维粗长，经过雕琢后能呈现古拙、大气之美，是天然的素朴之美。黄花梨木的色泽呈淡黄、黄色、棕黄色，且纹样繁多。数明苏式家具中应用的黄花梨木材最多。明苏式家具对黄花梨木充分应用，木材天然的纹理使家具含有自然之美。这种天然之美使家具成为一件高雅的艺术品，更具欣赏价值。

2. 温雅之美

中华民族深厚的历史底蕴是传统文化的精华的呈现，需要人们不断地创新与传承。在明清时期，木是文人的玩物，富有高雅之意。江南文人多喜文木，即花纹自然、质地坚致的优质木材。由于木材与文人的关系密切，因此，可以映射出文人温文尔雅的性情，表现出文人的思想内涵。文人对精神修养有着极高的要求，注重格调，追求丹漆不文、白玉不雕、宝珠不饰的高雅。

文人的这种思想也反映在明代的家具上，在家具的制作上大多注重木材纯朴、清雅的特性，这样制作出的木材更具自然的氛围，满足古人对含蓄、平淡的审美的追求。木是文人承载自身思想内涵的载体。木的品性不干不燥、温润如玉，与古代文人的高雅之情相符合，文人对木文化的喜爱促进了木文化的发展。

3. 中和之美

《荀子·礼论》中指出：性者，本始材朴也；伪者，文理隆盛也。无性则伪之无所加，无伪则性不能自美。性伪合，然后成圣人之名，一天下之功于是就也。受儒家思想的影响，中和之美在木文化中表现得非常明显。中和之美在物质上呈现的是物的"文"与"质"的和谐。木材中的"质"不完美，就要通过"文"使其达到完美。例如，木材的空洞、虫蛀、纹理等的不美。西周时期，木构件就已经应用色彩涂饰了。在唐朝时螺钿装饰木材已经得到了广泛应用，清代也是如此，如"紫檀嵌竹丝梅花凳"。在制作上，利用木材的缺陷巧于构思，化腐朽为神奇。明清时期，人们对木的光泽之美有了更高的要求，为了加强木材的光泽之美，使之呈现光滑、柔和的效果，古人往往会给木材打蜡和刷清漆，人工的"文"与天然的"质"相结合从而使木材更具欣赏性。《髹饰录》中指出：取其坚牢于质，取其光彩于文中就概括了"文"与"质"的中和之美。"材美工巧"也从一定程度上反映出木文化中的中和之美的美学特点。一方面，木造物制作前，十分重视木材的选择；另一方面，借助工巧来强化木材的天然美，将人工装饰与木的天然美感相互补充、相互对比，进而丰富木制品的美感。

二、木文化之崇拜文化

《说文》中指出：木，冒也。冒地而生。万物皆始于微，故曰木。中华民族自古就存在尚木情结。木在文明不发达的古代和少数民族中占据重要的地位，是人与自然沟通的媒介，以此作为心灵的慰藉。

（一）木崇拜的历史渊源

在原始信仰中，人们对树木的崇拜最为明显。在先民看来，树木带有一种旺盛的生命力和神秘感，能使人与自然得到沟通。在《南山经》中指出：有木焉，其状如谷而黑理，其华四照，其名曰迷谷，佩之不迷。《西次三经》中指出：有木焉，员叶而白柎，赤华而黑理，其实如枳，食之宜子孙。这些传说的记载，反映了原始先民对树木神秘感的幻想，木崇拜的心理基础由此产生。其实所谓树木的神性，是先民对树木自然属性的幻想和夸大。那个时期文明落后，技术不发达，人类刚刚走出森林，面对外界的种种危险，会从心里产生对树木的敬畏和膜拜之情。树木既为人们提供食物，又为人们提供精神上的依靠，人与树木的这种关系便是最初的木文化。

（二）木崇拜的形式

不同时期、不同民族为木赋予了不同的象征意义，并表现出不一样的崇拜形式。这些不同的象征意义都与当时当地的社会环境、自然环境联系紧密。其实人们对木崇拜所赋予的含义，正反映出了人们的心理需要。民间对木的崇拜一般有两种类型：一是认为树木与民族的形成有关，这种类型有着一定图腾崇拜的性质；二是认识到树木可以除灾辟邪。《史记·货殖列传》中把千亩竹、千树橘、千亩桑看作"与千户侯等"，树木在当时被人们看作财富的象征。古人相信古树名木"阳气足，有豪气"能镇魔辟邪，所以常在村头和重要位置种植"村头树""风景树"等。栗木因为纹理细致，坚硬耐用的特质所以用来比喻有德的君子。汉刘向《说苑卷十七·杂言》中指出：玉有六美，君子贵之，望之温润，近之栗理，声近徐而闻远，折而不挠……望之温润者，君子比德焉，近于栗理者，君子比智焉。所以栗木又有"温栗"之称。《诗经·小雅》中指出：维桑与梓，必恭敬止。意思是说家里的桑树和梓树都是父母亲手所植，因此对它们要像对待父母一样敬重。

在部分少数民族中也存在着对木的崇拜传统。如哈尼族在祭祀龙树时会赞唱《祭龙树歌》：大树下，祭龙树，全寨老人把酒喝，树下围拢小娃娃，喝酒玩耍多快活！小娃捉来小谷雀，小雀拿来献龙树。小雀脚上查竹筒，小雀嘴上插梨花，祭完龙树回转来，米谷门前坐下来，大家再来喝酒呀，碗中雀头转起来，小娃喝酒敬给他！西北的维吾尔族人民则十分崇拜榆树和胡杨树，在人们经过这些树的时候都要对其进行礼拜祈祷。

三、木文化之生态文化

木材源于自然，是自然的产物，具有天然性，是绿色设计理念下的重要材料。人们对木材进行合理的采伐，就可以使木材持续维持可再生的状态。木材的应用价值非常高，其本身的各个部分都可以被合理应用。木材的生态性从本身的特点就能够体现，木材的获取阶段、应用阶段，以及本身的生长对于环境而产生的效益，都能体现出木材的生态性特征。

（一）木文化中的生态思想

木材表现出的生态性与人类息息相关，木的生态性表现在木取之自然且回报自然的特性，人类仿照木的这一特性维持生态的可持续发展，促进大自然的生态平衡。要想实现经济、环境、生活三者的协调发展，就需要注重绿色生态理念。木材是在自然下生长，是自然的产物，因此，具有绿色的生态性，应用在室内空间能净化室内的环境。古代对木的应用深受传统哲学思想的影响，并逐渐形成独有的木文化。除此之外，中国传统的农业社会有着"就地取材"的观念，所表现的正是木材的生态思想。

（二）木材本身的生态性

树木是大自然的产物，对人们的日常生活而言是无价之宝。木材只需经过简单的加工就可以被应用在建筑和装修上。中国的国土辽阔，种植树木的面积也非常广泛，能够为人们提供充足的木材。树木的大面积种植，既能稳固沙土，也能提升空气质量，树木的大面积种植，既扩大了森林面积，还使树木的产量增加。木材的生态性包括天然性和再生性。木材的制作耗能少，对环境几乎没有污染，这也是木制品深受人们欢迎的因素之一。天然的木材不会产生有毒的气体，木材天然的纹理能够满足人们追求精神的需求，实现心灵上的返璞归真。木材能够给人很好的视觉感受。木材的表面是由无数个微小的细胞构成，这些细胞在被剖切后，可以看到形状是凹面镜样式，这一特性是木材仿制品难以拥有的特征。设计师应用木制品装饰室内空间，能营造出舒适、和谐的空间氛围，而且木材具有的吸音作用，能够降低声波的反射频率，减少噪声。

（三）木材应用过程中的生态性

木材在使用过程中会表现出一定的生态性。木材多孔性的特征，使木材成为天然的材料，同时具备保温和隔热的功能，对环境几乎没有危害。相关研究表明，就相同的保温要求来看，木材所需的厚度是混凝土所需厚度的十五分之一，是钢材所需厚度的四百分之一；就应用相同的保温材料来看，木结构的保温性能是钢结构的 $15\%\sim70\%$，这说明在室内空间中应用木质材料可以更好地保障室内的温度，降低室外温度对室内温度的影响，促进室内温度恒温。据对冬季有暖气供应的住宅进行研究后，发现与没有应用木材装修的室内空间相比，应用木材装修的室内空间的温度更高，约为 1℃。由于木材的加工简单，因此，施工周期短，同时具有易翻修的特点。应用木材建造房屋，可以在某一部件损坏时，直接采取替换的方式，即可修缮完成。木材材料的独特性使木材更具天然性和无污染的特性，木材的加工过程耗能低，对空气的污染少，这是人工材料所不能比的。此外，木材被拆除后几乎没有多余的固体废物，因此，可以再次利用。应用木材建造的居所或者制作的物品，都能具备木材的天然性。例如，井干式木房、竹楼，以及西南地区的木建筑等，这些都是人们对木材的应用，是经过不断发展和创造形成的智慧结晶。

第三节　木文化在室内设计中的应用和方法

一、木文化中美学特征的应用

随着中国社会经济的高速发展，人们对物质的需求越来越高，在追求物质需求的过程中，也追求精神上的满足。由此，人们对家具的要求也随之提高，融入艺术内涵的家具，与当今时代的人们的内心需求相符合。木材是制造家具的重要原材料，家具的设计是根据木材的属性进行的，不同材质的木材适合制作的物品是不同的。木质家具既具有实用性，又具有美观性，因此，木材对家具的制作有重要的影响。

（一）木材的美学属性

木材是日常生活中最常出现的原材料之一，在各行各业都有对应的应用方式。尤其是人们日常生活中，以木材为原料的生活用品更是经常出现在人们的生活中。家具就是以木材为原料制作而成的，家具对人们的日常生活起到便携的作用。木材的加工较为简单，因此，需要装饰，这样才能使家具的样式更加丰富，更具审美意蕴，给人赏心悦目的视觉感受。设计师在进行家具设计时，会融入相关的美学理念，赋予家具艺术底蕴。

设计师要对家具进行充分的认知，感受家具的美感，了解木材的属性。木材的属性非常丰富，对家具起到烘托作用，不同属性的木材，经过制作可以形成不同特征的家具。木材具有独特的特性。不同的属性有不同的用途，例如，木材独特的气味，木材的药用价值，木材的历史性和文化性，这些都是木材的属性。木材具备物质属性，也具备非物质属性。设计师在应用木材装饰室内空间的时候，不仅要对木材进行充分的了解，还需要认知木材美学，这样才能使木材更好地被应用在室内空间中。木材美学与设计美学的融合，是使室内环境具有文化意蕴的重要方式。

早在很久以前，人们就已经开始应用木材，为了获得不同属性的木材，人们对森林进行大面积的砍伐，对森林的过度砍伐导致生态环境越来越恶劣。面对这种情况，人们已经意识到生态环境的重要性，开始对生态环境进行保护。木材的物质属性与非物质属性同等重要，都对室内设计起到重要的影响，设计师要注重木材的合理应用，在对木材进行加工和装饰的时候应当避免材料的浪费，把木材的利用率最大化。木材的美学属性属于非物质属性，这也是木材深受人们青睐的主要因素。木材制作的家具具有美学属性，这是木材具有木之美的重要因素。设计师在进行室内设计的时候，合理应用木材的美学能使室内空间具有木材之美，烘托室内空间的自然氛围，木材的美学属性促进了家具的发展，使设计出的家具更具艺术美感。

木材具有的美学属性源于自然，是自然给人们的宝藏。树木在生长过程中产生的一圈圈年轮，其样式丰富，以横、纵为方向产生规律或者变化。例如，花瓣状、灵芝状等。树木年轮的形状是独一无二的，合理的应用可以完美地呈现木材的自然之美，极具艺术美感。设计师在进行室内设计的时候，可以把木材的自然之美合理地应用，这样打造出的室内空间会具有自然的氛围。设计师还可以把木材的自然之美结合现代文化，再通过美学设计，创造出具有时代特征的艺术家具。除此之外，不仅在木材的外观设计上考虑美学性质，在木材的性质上也要探究木材的美学性质。例如，一些比较坚实的木材会产生比较明亮的光泽，能使人眼前一亮，相比而言，性质比较软的木材会给人一种很好的舒适感。木材的这种物性也是木材美学性质的一个重要部分，合理应用能够提升家具设计的艺术之美。

（二）木材美学对家具设计的意义

木质家具的主要原料是树干。树木在生长过程中会形成一圈圈的年轮和枝丫，也会生出一些树节、树瘤等，不论是年轮还是树节，都是树木的自然之美，属于宏观美学。木材的结构特征使木材在生长过程中会出现不同的纹孔，这些纹孔属于木材的微观美学。以家具设计而言，家具的设计需要设计师对木材的美学有基础的认知，这样才能更好地设计出使居住者满意的家具。

在古代，就已经将木材的美学与家具进行合理的应用。明清时期，木材的美学与家具的应用方式已经非常成熟。其中圈椅的设计包含了木材的颜色、质地，更是从结构上延伸了木材的美学价值。就圈椅的设计而言，采用连续的空间扭曲，使圈椅富有变化，并呈现均衡、对称、层次分明的空间结构，这样设计正体现了圈椅独特的美感。圈椅的色彩、质地和结构主要源于木材，是木材物质属性的合理应用。此外，圈椅具有文化内涵，并与木材的美学相互融合，这是人文思想与自然之美的合理结合，是美学境界的一种提升，使家具更好地呈现木之美。

（三）木材美学在家具设计中的应用

以家具的应用而言，对人们有着非常便携的作用，是室内装饰中必不可少的物品。家具的种类丰富，人们对家具的要求也越来越高，既需要家具具有实用性，也需要家具具有美观性。在室内设计中，家具是表现艺术内涵的载体，因此，设计师在制作家具的时候，不仅需要重视家具的风格，还需要重视家具的美感，这样才能制作出符合用户审美需求的家具，才能更好地使人们认可木文化。

1. 木材美学在家具造型设计上的应用

以家具而言，造型、美观性、实用性是家具最重要的部分。造型是指家具的样式，美观性和实用性是家具更易受人们欢迎的主要因素。例如，皮质沙发，这种材质的沙发在设计上采用泡桐木的木材进行制作，由这种木材制作出的沙发椅腿，既有美观性也更坚固耐用。在制作沙发的过程中，即使应用的皮质相同，也不能完全保证制作出的沙发是相同的，这是沙发在制作过程中造型的不同而导致的。

设计师在进行椅腿造型设计时，应当先对泡桐木材进行深入研究，对木材中微观的美学元素进行分析，然后就可以对泡桐木材的自然形态充分应用，从而设计出合适、美观的椅腿。就泡桐木材而言，从它的横切面可以看见管孔和木纤维细胞，这些也是设计师在设计时的灵感源泉。设计师在设计时，可以依照这些管孔和纤维细胞进行设计，以此提升椅腿整体的美观性，再结合对应的色调，就可以合理地利用这些元素设计出具有美学元素的椅腿，从而提升家具的整体美感。

就木材的美学而言，扭曲、变形都是木材的自然之美。在巴洛克时期，人们对这种扭曲、变形的美学元素已经开始应用，并使这种特征的应用达到了很高的境界，这种美学特征的合理应用是提升泡桐木艺术之美的重要途径，这些扭曲、变形的元素都对提升家具的美感具有重要的作用。木材源于自然，在生长过程中会具有自然之美。木材的自然之美对家具的设计起到画龙点睛的作用，是一种新的艺术形式，可以使家具具有自然之美。木材的自然之美与设计的合理结合，既符合现代社会的发展，也符合现代人们的审美需求，是设计中一种全新的美学观念。此外，对木文化的传承和发扬也起到了重要的促进作用。

2. 木材美学在家具装饰设计上的应用

家具的美感不只源于木材的天然性，还与家具的装饰有关，好的装饰可以提升家具的美感。家具的设计需要考虑实用性和装饰性。家具的设计主要包括功能、造型、装饰三个方面的设计。在家具的制作过程中,一部分的功能和造型已经固定,想要提升家具的审美就需要对家具进行装饰,这样制作完成的家具才会具有审美价值。此外,家具的装饰也体现了装饰设计的重要作用。

室内空间的装饰对用户的视觉感有直接影响,好的装饰设计可以提升用户的视觉感,满足用户的精神需求,呈现室内空间装饰的文化魅力和艺术美感。在家具设计的过程中,融入优质的装饰设计,能够提升家具整体的艺术氛围,因此,装饰设计是家具设计中重要的组成部分。在家具设计的同时融入装饰设计,要注意合理应用。例如,泡桐餐椅座面的装饰设计,在设计的时候,要想对餐椅座面的装饰进行合理的设计,就需要了解泡桐木材的特征,这样才能使泡桐木材更好地被应用。再如,泡桐木材具有扭曲、变形的纹理,设计师可以应用这一特性把纹样分解后重组,提升美感,并形成新的图案。椅背的设计可以应用好看的图案,提升椅背的美感,使多种元素达到和谐统一,提升家具整体的美感。这样制作完成的家具才能在具有古典意蕴的同时具有审美内涵。

家具之美是在木材美学基础上形成的。在家具设计中,木材美学是以宏观到微观进行应用,即从轮廓、颜色、质地、纹理等宏观方面,到木纤维、管孔、细胞结构等微观方面。在对木材美学进行设计时,需要了解木材的美学元素,做到精准应用,这样才能使这些美学元素与家具合理融合。木材之美表现在家具的各个方面,就优质的家具而言,对木材的应用有着很高的要求,需要设计师对木材进行了解,深度探究美的创新思维,在文明、历史、文化、思想的发展下创新木材的美学应用。木材美学的创新,是使家具具有审美内涵和审美高度的重要途径。

二、木文化中民俗文化的应用

以前,经济不发达,人民的生活比较艰苦,这使他们在面对自然灾难的时候难以应对,因此,人们更加注重生命的健康、长寿,生活的美满、幸福。由于那时的树对人们起到了一定的庇护作用,因此,人们对树有种尊敬的心理，这使树木成为人们寄托内心想法的重要载体，并赋予木材美好的寓意。木材具有象征性，这一特性使木材的应用原则更高，需要依照一定的顺序进行应用，使木材的文化内涵与室内环境相呼应。

民俗文化的地方性特征极强，并且应用的方式也非常丰富。例如，喀什清真寺里的木材的应用，由木材制作的柱子在讲经堂被应用，色彩是绿色，寓意着人们有幸福美好的生活。室内空间的软装饰选用的是带有树木、花草图案的纺织物品，植物优美的曲线寓意着人们不断前进的理念。不同的民族在应用木的时候，有不同的原则，例如，怒族人认为开红花的树木有不好的寓意，因此，不用这种树木搭建房子。此外，被虫蛀过的树木、被藤条缠绕过的树木都不宜应用在室内空间中。

在室内空间中，人们应用木材制作的陈设品时，经常借助树名给陈设品命名，赋予陈设品美好的寓意。例如，"松柏同春""松鹤延年""岁寒三友""仙壶集庆"（将松枝、水仙、梅花、灵芝等插在一个瓶中）等。古代人经常在书房的窗扇上加入梅花元素，这种元素寓意着不怕艰难困苦，并在不断的努力下取得成就。例如，大理坑村官厅的柱子，应用方形的设计，象征着官厅主人刚正不阿的态度。

三、木文化中生态文化的应用

木材应用在室内空间中，分科学和人文两个方面。就生态设计而言，材料的应用极为重要，选用无污染或者对环境污染小的材料，才能维持生态的可持续发展。就木材生态文化的应用而言，需要在现有的设计方式上融入可持续发展的理念，在设计初期就把环境与可持续发展都进行考虑，在绿色设计的理念下，实现人与环境的和谐相处。

（一）生态技术的应用

木材是天然的、可回收利用的材料，同时也是在加工过程中耗能最低、污染最少的装饰材料。在室内环境中使用木材需要注意以下几点。

第一，尽量使用当地盛产的木材，目的是减少木材在运输过程中产生的能源消耗。

第二，尽量使用人工速生林的木材，减少珍稀树种的木质材料的使用。

第三，在木制品制作的过程中，必须使用与环境相符的辅助材料。例如，油漆、黏结剂和防腐剂等，避免对室内环境产生污染。

设计师在进行室内设计的时候，需要注重室内空间的装饰，还要考虑用户的实际需求，在全面考虑的基础上装饰室内空间。设计师通常应用加工后的材料呈现室内空间的美感，高超的加工技术与合适的材料，可以提升室内空间的审美意蕴，使材料更具表现力，彰显施工技术和设计细节。室内空间的装饰是在整体造型的基础上附加形式美。木材的生态性是促进现代室内设计发展的重要因素，使现代设计与绿色设计理念相统一。在选用木质家具时，需要重视家具的零部件，应当选取零部件少的家具，这样的家具在制作过程中更加绿色化，也更容易被回收再利用。从家具的零部件来看，家具的拆卸都可能导致零部件被损坏，因此，零部件少的家具应用在室内空间可以延长使用时间，甚至可以持续使用。设计师在选用家具装饰室内空间的时候，需要重视家具的可回收性，应当选取能被翻新再利用的家具，以此减少对环境造成的污染，就无法被翻新的家具而言，可以通过加工、处理，使这些家具转变为新的材料。例如，把木材粉碎，以此方式获得制作保护板的原材料。

（二）生态人文的应用

自然是艺术的灵感源泉，善于发现的人就可以获得艺术灵感。从生态理念来看，木材应用在室内空间可以提升室内空间的自然氛围，净化室内环境。糙木家具的制作原料是未加工的树枝、竹藤、灌木根茎等，这些木材具有天然性，通过简单的加工就可以制作成家具。糙木几乎随处可见，并且大部分都是枯枝死木，取材十分方便。糙木家具的原材料大部分取自自然，优点较多，包括节约资源、低碳排放等，符合生态可持续发展的理念。糙木源于自然，是大自然的艺术品。糙木家具的整个制作过程，都蕴含着人们深厚的情感。糙木家具的纹理丰富、色泽自然，在设计过程中保留原有的特征，可以呈现木材原本的自然之美。源自自然的木材，具有质朴性，在制作的过程中，合理地融入工艺和情怀，可使家具具有典雅之美，与现代元素进行融合，可使制作完成的家具富有现代工艺之美。例如，布艺、玻璃、树脂等，应用这

些现代化的材料，会使制作完成的家具富含质感之美。

（三）木材气味与室内空气质量的分析与关联

木材的天然性使木材具有驱赶蚊虫和白蚁，以及抑制霉菌生长的作用。木材的这一特征使其深受人们的青睐。例如，安徽宏村的南湖书院就是应用木材建造的，房梁采用的木材是楠木，楠木具有清凉的气味，可以扩散至整个书院，具有提神醒脑的作用，还能避免房上结蜘蛛网，免于打扫。在古代，应用香樟木制作衣箱、衣柜、书架等已经被普及，香樟木的气味具有杀菌、防虫的特性，这是人们乐于使用香樟木材的原因。现代的室内空间，几乎家家都有空调，由于房间的密闭性强，空调的使用就会导致螨虫大量滋生，木材中含有的精油具有杀灭螨虫的作用，还能除异味，因此，具有这种特征的木材被广泛地应用在室内空间中，使室内的环境更加舒适。

大部分的木材的气味都是清爽的，都能使人感受到轻盈和舒适。木材可以有效地去除二氧化硫和氨气的气味。经相关研究表明，扁柏、冷杉的叶油对氨的除臭率高达 90% 左右，对亚硫酸气体的除臭率几乎达 100%。因此，在卫生间、厨房、卧室应用这些木材，能净化室内环境。不只如此，一些木材还可以入药，这种木材挥发出的气味有保健功能，能起到调养身体的作用。因此，这种木材在室内空间中应用能提升人的工作效率，可以促进人的身体健康，使病人的病情好转。

四、木文化中传统木作思维的应用

木材应用在室内环境中，能够提升整个室内空间的氛围，木材的应用也富含古人的思想和智慧。木材经过长期的应用与实践，不仅其本性得到了充分发挥，还提升了室内空间设计的功能性。木材与室内空间的合理结合，已经逐步形成了一套具有应用性的思维和方法，并且这种理念从始至终都对木材融入室内空间起到重要的作用。

（一）五材并举

木材不仅有优势，也有一定的不足，其本身的缺陷需要避免木材受到湿气、水火、虫蚁的侵蚀，这样才能提升木材的使用寿命。古人对木材上的"五材并举"的处理方式，主要是通过其他材料具有的特征来弥补木材的不足之处，与此同时，木材的装饰作用也被应用在室内设计中。

1. 与土的结合

商代时，中国的木建筑就已经有了高筑台的形式，《国语·楚语》中指出：高台榭，美宫室。厚重的夯土是室内空间地面的主要材料，由此，地面非常坚固。厚重的夯土还能阻断地下寒气的上涌，这样就能够避免室内木柱、木墙遭受潮气的侵蚀，充分延长了木建筑的使用寿命。元代时，王祯的《农书》中指出：内外材木露者悉宜灰泥涂饰，木不生虫。也就是说，要想使裸露在外面的木材不被虫蚁侵蚀，可以通过把石灰加入泥中，再涂在木材裸露的地方，能够有效防止木材遭受虫蚁侵蚀。暗处的屋角梁榫、中脊栋榫，瓦下的望板、柱与柱础间的榫窝等，都是室内阴暗潮湿的地方。在预防菌类生长方面，北京故宫的预防方式是在望板上加护板石灰，中脊下木料的周围摆放木炭，柱与柱础之间的榫窝处用生石灰和木炭填补。

把土涂在古老的木材上，主要用于防火。这种做法在《中国古代建筑技术史》中指出，新石器时代防止室内中心柱被火塘灼烤的方式，就是在上面涂上泥土，防止木材被烧灼。除此之外，商周时期住房内部椽木表面就用带草的筋泥进行涂抹，以防止火灾的发生。元代王祯在《农书》中指出：常见往年胶囊群，所居瓦屋，则用砖裹檐，草屋则用泥污上下，既防延烧，且易救护。又有别置府庄，外护砖泥，谓之土库，火不能人。窃以此推之，凡农家居屋、厨房、蚕屋、仓屋、牛，皆宜以法制泥土为用。先宜选用壮大材木，缔构既成。椽上铺板，板上敷泥，泥上用油灰泥涂饰，待其曝干，坚如瓷石，可以代瓦。凡屋中内外材木露者，与夫门窗壁堵，通用法制灰泥漫之……

在现代，四川的一些地区用于防火的方式依然有"土涂"法，在易燃的木柱、木梁等上面，应用草筋泥将其涂抹，以作防护。

2. 与石材的结合

木柱对于传统室内环境有重要的作用，是室内空间设计的重要组成部分。早期的木柱，下段采用的是直接埋在土里的方式，预防木柱因受力下沉。在柱脚下会摆放一块大石头，即碌。即使这样，也不能很好地防止埋在土里的木柱不受到潮气的侵蚀，由此，就把碡石提高到与地面齐平，使之成为柱式的一部分，柱础也由此形成。从半坡遗址的发掘资料来看，早在新石器时代，暗础就已经出现了。

把木柱摆在与地面齐平的位置，这种防潮方式的应用较为广泛。侗族的吊脚楼，木柱的柱脚是位于石块上面的，就算历经百年，木柱也不会倒塌。与地面接近的门槛、门框、地袱、栏杆等，大都是通过在地面上垫一些砖块，提升木材与地面的距离，使二者之间的距离不太近，也不太远。古人经过不断的应用与探索，发现只要使木柱的木纹与地面垂直，就能保证在没有任何措施的情况下，促进根部更好地吸收地下涌上来的潮气，防止木柱因潮气侵蚀而导致其使用寿命缩短。因此，木柱的柱脚只要加上一块与地面垂直的木块就能很好地防潮，木块能够使地下的潮气顺着柱础上升。由于潮气侵入水平纤维的木结构层比侵入垂直纤维的木层难，因此，这种方式能够更好地阻隔地下潮气的侵蚀。

3. 油漆彩画的保护

油漆具有阻隔空气中水分的作用，由于矿物颜料的避湿性特征，因此，能够更好地防止虫蚁对木材的侵蚀。春秋战国时期就出现与"丹楹（柱）""山节"相关的词句，可以从中看出，那时在木材的使用上已经应用油漆。对现存的唐、宋木构建筑进行实物调查后，发现经常在木柱、木梁、斗拱等主要构件上，应用赭石、土黄、土红等无机颜料多次涂刷，在一些少量的木构件上，还应用朱砂、铅丹、石青、石绿、雄黄等含毒且能够防虫的颜料进行涂刷。把用于涂刷木材的颜料融入动物胶或植物胶，这种做法能够提升颜料的着色力和防水、绝缘性，更有实践证明这种方式确实有很好地防腐、防虫的效用。

明清时期，木材资源比较稀缺。室内大型的木柱都是应用拼镶技术，后来随着时代的发展，也出现了地仗和抗裂铁箍等方式。这个时期的油漆，在成分和施工质量方面都有所提升，木材的表面也覆盖了多层油漆，目的是能够更好地防虫、防潮。宫廷建筑在地仗的基础上，还要进行油饰贴金，这种方式主要是使木构件的防护性得到提升。这个时期的苏式家具，在制作过程中都由油漆涂刷内里，不仅能够防止木质家具受潮、霉烂，还能够掩饰木质之间的优和劣汰。

4. 与金属的结合

通过把木柱、木梁、木门用金属涂抹作为保护层。在春秋时期，就已经出现用铜制作而成的防护件，被称作"金红"。"金红"经常是被放在木构件的转角位置，目的是起到加固和防护的作用。依据考古发现，早在东周宫殿就已经出现铜构件，通常应用铜保护木材。在家具的转角位置，铜构件的应用也颇多，主要是用于提升家具的牢固性，同时也用于装饰室内空间。

（二）因材致用

古人非常注重依照木材的特点进行使用。例如，十围之木，不可盖以茅茨；棒棘之柱，不可负于广厦。选材不当，千工皆废。因此，对木材的特征做到熟悉才是开始应用木材的第一步。木材生长在自然界中，因此，会有疤痕，而且木材的纹理也不同，主要有顺、倒、直、斜、缠、盘、曲样的纹理特征。木材在加工前要仔细查看是否有"燥丝"（裂纹）、"络门"（木料纹理结构）、"黑斑"（木料中空松动）、"节疤"等缺点，再依照木材的具体特点，把木材分成正木和脚木两部分。正木是指适合被应用的优质木材，脚木是指带有空、疤、蛀、破、尖、短、弯、曲等缺陷的木材。此外，木质从硬度上可以分成"上风"料和"下风"料两种。"上风"是指木经常能够被风吹和雨淋的那一面，这一面的木在材质上更坚硬，色彩也更纯洁，而且纹理更密，常被用在纹饰雕刻方面，"下风"是指木背阳的那一面，这一面经历的风吹和日晒都比较少，因此，木质更加松软，就不被用于雕刻。小木作在精心的雕刻下，相比大木作，其木材材质更加优质。从外檐装修与内檐装修方面来看，外檐装修是在室外，因此，受到的风吹、日晒和雨淋都更多，木材在应用的同时，不仅需要思考使门窗具有镂空特征、雕花装饰，还要思考使外檐装的木材，在应用上更坚固、抗腐。

宫廷建筑的选材注重精雕细琢，很是讲究。由此，应用在一些建筑上的木材，都是通过外购的形式购买的外地的优质木材。明代的官府在建设重大建筑时，都要从四川、湖广、江西、浙江等地，购置楠木、樟木、柏木、檀木、花梨、桅木、杉木等优质木材，还会从山西、河北等地，购置松木、柏木、椴木、榆木、槐木等优质木材。柏木的特性是不容易发生卷翘，因此，适合被应用在屋梁建设上。檀木应用在建筑上能够给人一种高贵大气的感受，因此，适合被应用在皇家建筑上。杉木的特性是笔直、耐晒，而且加工方便，因此，适合被应用在门扇方面。楠木的特性是高大、粗壮，因此，适合被应用在立柱上。明代的谢在杭的《五杂俎》中指出，楠木的纹理是非常细密的，而且木料的材质非常坚实，还具有不易腐烂、不易生虫蚁的特性。在明代，一般重要建筑的栋梁应用的木材都是楠木。例如，明代的祾恩殿，其室内应用的就是楠木制成的木柱，到现在，木柱还能让人闻到一种香气。

民间的建筑，通常是就地选木材。例如，浙江主要产的是杉木，由此，当地人较多的应用山木木材进行建筑。杉树的特性是挺拔、笔直，因此，经常被应用在房屋的柱子上。徽州的空气湿度比较大，由此，木材更容易遭受白蚁侵蚀。杉木的特性是抗腐、抗蚁。房屋横向的构件通常应用马尾松木。马尾松的特性是笔直、抗弯、不易变形。清代《营造法原》中指出，那个时期有一段用木口诀，此口诀正呈现了当时的匠人们，在不同的木材方面的认识与应用。

（三）材尽其美

中国传统家具占据世界的重要位置，其艺术与功能都已经达到了顶峰。因此，传统家具的制作需要设计师不断地学习和思考，不断地吸取经验，创造出更具魅力的家具作品。家具的加工、制作工艺都需要参照古人高度尊重木材的原则，在顺应木材的材质和特性的基础上加工木材。每一种木材都具有一定的特性和性格，而木材的特性又被称作木之"理"。柴木或者名贵木材，古代的工匠，不论是对柴木还是优质木材，在加工前都能很好地了解木材的性格，而且能够把所理解的木材的内涵呈现在作品中。

优质的木材需要工匠们对其精细加工。工匠们面对不好的木质材料的时候，通常加以细作，而且不同材质的木材在加工的时候，也会应用不同的方式，主要遵循的是扬长避短的理念。匠人非常注重木材的天然美，通常依据木材的天然特质进行加工，完美的呈现古代在设计方面的科学性。只有优质的木材才能制作出优秀的家具，同时还需要匠人的巧工。古人在家具制作上的技艺非常高超，制作的家具更是具有渲染室内空间的效用。明代时，家具的制作工艺已经达到顶峰，匠人们不仅可以把木材的特性发挥到最大限度，还可以把木材的材质美充分呈现，促进室内空间的木造物在功能和形式方面的合理结合。到了家具的工艺的成熟时期以后，硬木质家具的制作工艺主要以"开料""料榫""凿花""刮磨""上漆"为主，在家具制作的各个环节，所有的工序都紧密衔接，同时促进了细木作手工业的发展。家具在制作的时候，其用料的粗细、尺度，都要非常重视，线脚的曲直、方圆，以及榫卯的松紧、厚薄，甚至是料的裁割、拼缝，都呈现当时木工手艺的精湛技术。

古代徽州大部分是山地，因此，木材资源非常丰富。而最熟悉徽州山地的徽州人，对木材的应用很是精通，每一块优质的木材都能在当地人的手艺下被更好地应用。

徽州室内在应用木材方面，经常会保存木材的自然美，而且很少在木材上刷漆，刷漆也是为了更好地防潮、防风化、防虫蚁，使用的都是单色漆，这样做能够更好地呈现木材纯粹和质朴的特性。徽州人对家具的制作经常应用硬木，制作的同时会给木材烤蜡，这样做能够使木材的纹理更清晰、美观，同时也能提升木材的抗腐蚀作用。

每一种木材都具有固定的色调和纹理，在不同的操作手法下能够使室内空间呈现不同的艺术氛围。一般含有香气的柏树、香樟木会被应用在衣橱、家具的制作上。木在应用的整个过程中，都需要匠人们遵循木材的自然生长规律，在木材的特性下对木材进行加工。古人在材质之美方面的选择非常注重，因此，选材方面经常是选择材质最好的木材，并且在木材制作成器物时，会将带有疤痕的木材舍弃。古人在选用木材上的重视不同于现代人们对"材美"的认识，现代人主要是在关怀的角度感悟木材美，木材的纹理、疤痕都是木材的特色，一些带有缺陷的木材在经过艺术加工后，通常具有一种独特的艺术魅力。

（四）经世致用

《天工开物》中造物设计的原则是能够在日常生活中被应用，以及适应商品市场和生活的需求，要注重器物的实用性。徽州有地域性的木制品，这种木制品的制作理念正是物以致用。凳子的应用在徽州人的家里非常普遍，高约六十厘米，十分符合人体工程学。不止如此，人坐在上面能够把双脚完整地踏在地面上，对于人的起坐非常方便。造型也是下粗上细的设计，这样人坐在上面不仅稳当，还显得轻盈。这种凳子的特点在于它被切掉的约五分之二的筒壁，这样设计能够使火盆完整地放进去，在冬天可以很好地抵御寒冷，其筒壁和凳面上有多条缝隙，这种设计方式可以促进人体散热。在夏天，放置火盆的地方可以放置随手的东西，并且将双脚踏在上面，提升人体行动的灵活性。这种凳子的做工简单实用，因此，深受人们青睐。

第四节 木文化在未来室内设计中的发展

一、木文化在现代室内空间的技术化应用

工业时代，一切的发展都以技术为主。技术的不断发展能够使人们的物质生活得到丰富。技术的可复制性决定了技术的生产力是广阔的，这种复制性能够使产品进行批量生产，从而大大提升了生产效率。在新时代的影响下，传统的木文化要想在新时代持续发展，就需要与时俱进，从历史的桎梏中走出。

（一）木文化技术化概述

自20世纪50年代以来，科学技术得到了发展，现在已经成为人类社会生活中的重要存在，具有决定性的力量。科学技术的飞速发展，促使新时期的人类有了新的社会生活，提升了人们审视自然与社会的理念。科学技术已经成为现代人的历史命运。技术的渗透是全方位的，文化也与科学技术共同发展。技术化与文化的共同发展，使文化景观得到了提升。

把木文化技术化，指的是技术作为全新的文化和审美手段，对原本的文化和审美产生影响。技术对人类文化中的对象、范围、形态都产生了一定的影响。技术化发展以来，文化产品普及，最大程度地满足了人们的物质需求。

木文化的技术化应用，对木文化的发展有重要的意义，通过批量化、格式化、标准化进行生产，这也是丰富本质的过程。文化内容以载体呈现，技术化应用是木文化的载体之一。人类文化是由本质内容转向形式的过程。

（二）木文化技术化的层级分析

文化是复杂性的社会现象。文化也是一种复合体，包括知识、信仰、艺术、道德、法律、风俗以及科学知识等。木文化主要以木、木制品和与木相关的活动为载体，从而得到生产和传播。木文化是由三个层级关系构成，由外到里依次分为制品、行为、理念。木文化的技术化探索是依照层级关系进行分层研究。

1. 符号制品层

木文化的载体主要是木和木制品。木的符号制品主要有三个方面，包括树木、木材、木制品。木文化的转变意味着木符号制品已经开始。木文化能够在木符号制品中呈现。木符号制品对人们的影响程度影响着木文化的发展，决定着木文化的发展方向和发展方式。对木文化的研究提升了人们对木符号制品的关注度。因此，木符号制品能够带动木文化的发展，二者是相互作用的关系。

2. 行为层

木文化的行为方式，主要在树、木制品的相关行为活动中呈现。树的相关行为活动，即从种树到伐树的树木的整个生长过程，其中的人与树的相关的行为活动和生活方式。例如，人种树、护树、伐树以及在树下乘凉等。木制品的相关行为活动，即将木材锯成材，在各种工艺的加工下形成精美的木制品，其过程是人的所有的行为活动。

3. 理念价值层

木文化的理念价值，即木文化的核心层面。主要包括人们对木的信仰、风俗等，属于精神层面的文化。这些木文化的理念价值，是人们对木所赋予的象征内涵，是木文化在该时代和地域下的道德观、价值观、文化观和政治观的呈现。

二、木文化技术化在现代室内空间的应用手法

（一）木制品技术化在现代室内空间中的应用

木制品可以在室内空间中有多种应用方式。例如，木饰面板、木质家具、木地板、木工艺品等。木制品是有形的物质文化，这一特性使木制品的技术化更为容易，可以被量化生产。人们经济水平的提升使木制品的技术化得到推广，木制品的应用也更加广泛。随着技术化的发展，华丽的木质家具在技术化的加工下进行切割、打磨。现代的激光雕刻技术、3D雕刻技术都是技术化的拓展，这些科学技术使木制品被广泛应用，就连精美的木雕也不再只是贵族才能把玩的物品。设计师在进行室内装修的时候，要以住户的需求为主，在应用木制品的时候，需要结合室内空间的整体风格选取合适的木制品。在现代室内设计中，室内空间的装修可以选取带有自然纹样的材料作为面板，这些木饰面板主要由人工制造，再通过机器切割，最后用胶水粘合。应用木饰面板装饰室内空间，可以降低费用支出，使木制品更好地被普及。木地板的种类较多，以合成技术生产的实木地板，不仅污染少，还物美价廉，尤其是复合地板，是结合其他地板的优点制造而成，是家庭地面进行铺装的首选。

社会的发展使人们的生活质量更高，同时，人们也对室内设计有了更高的要求和审美。为满足用户的需求，室内设计的风格越来越多。应用在室内空间中的木质家具也进行了进一步的提升，促进了木制品技术化的进一步发展。例如，对木材纹理进行强化处理、对木材进行仿古处理、对木材进行做旧处理等，这些加工木材的方式都是木材的技术化。就木材做旧处理而言，是把木材的色泽做旧，使木材的色泽更加柔和，木材做旧后的颜色主要包括浅色、浅淡色、深色和深暗色，在色泽的基础上结合木材的特点进行加工，这样制作完成的木材就具备了做旧感，给人华贵、沉稳肃穆、沉静质朴、舒畅典雅、明快活泼的视觉感受。因此，木制品技术化可以使木材被更好地应用，经过技术化加工的木材可以长久地保持原有的色彩，具有时代的痕迹。木制品在技术化的影响下得到了进一步发展。

（二）木行为方式技术化在现代室内空间中的应用

木的行为方式的应用非常多，为了促进木的技术化发展，需要探索出符合木文化的技术化应用，实现公式化复制，这是非常难且复杂的过程。

对与木相关的行为活动要进行全面整理，主要分析从行为的辨识度以及典型性强弱方面传达的文化含义，并对其进行思考，看看是否可以在技术化下对木行为进行多方面分析，然后再从中选取可供技术化的行为方式。其次，从可供技术化的木行为方式中，依照被技术化后的应用范围是否广泛、是否能在室内空间中得以应用以及推广性、复制性强弱，甚至是传达的核心价值能否被人们普遍认可等，这些因素都需要综合考虑，从而选取可以技术化的最佳的木行为方式。在得到可技术化的木行为方式之后，对该木行为方式进行技术化处理。以"大树底下"为例，论述从木行为方式技术化在室内空间的应用过程和方法。

中国有句古话，叫大树底下好乘凉。大树下是人们可以活动的空间，树冠也能够为人们遮风挡雨，树叶具有蒸腾作用，在炎热的夏天能够散发水分，给树下乘凉的人带来一丝清爽。正是大树的这些功能，使人们在树下既能够乘凉，又能够品茶、聊天和摆地摊等。由此，树下空间是人们进行社交、游戏、贸易和餐饮的场所，促进了大树与人们生活的融合，逐渐成为生活环境的重要组成部分。将"大树底下"这个概念进行技术化，首先，将大树的模型技术化，使技术化后的大树模型由一个垂直方向的"树干"和一个水平方向的"树冠"组成，"树干"与"树冠"重在意象，而不是具象，材料也不能局限在木材中。其次，将大树下的行为活动技术化，大树的概念只要存在，就能激发人们在大树底下进行的行为活动。在室内空间中，把"大树底下"技术化进行应用，根据室内空间功能的需要灵活应用，使"大树底下"极具生活化的场景呈现。

（三）木价值理念技术化在室内空间中的应用

明清时期，江南的文人经常把带有多种纹理、花纹自然、质地坚致的优质木材通称为"文术"。木可以是文人的内涵的呈现载体，能反映出文人儒雅的性情，以及文人对木材的解读。文人对精神需求极为重视，通常都特别讲究格调、高雅、丹漆不文、白玉不雕、宝珠不饰。明代时，家具重视木材本身内涵的呈现，重视木环境的氛围体验，营造一种怡然自得的空间氛围。这与古人追求含蓄、平淡的审美情怀相符。木是文人呈现自己内涵的载体。木具有温润如玉的品性，这与古代文人的怡情相符。目前，人们对木的精神性格仍在追求。例如，日式的传统室内装修，主要是通过大面积使用不加粉饰的木材，营造出一种怡然自得、闲适的空间氛围。

在以前，桃木在民间具有保平安的寓意。通过将桃木文化技术化处理，然后赋予桃木一定的文化象征意义，使桃木成为保平安的文化符号。因此，人们由桃木联想到保平安的寓意，完成桃木文化理念的技术化处理。

桃木文化理念在经过技术化后，应用在室内空间时要注意使用的灵活性，不能照抄照搬，而是在室内空间寻找结合点，把该理念价值与室内文化氛围合理结合。除此之外，把以桃木为原料制作的工艺品摆在室内，能够提升室内空间的艺术氛围，满足人们在精神上对平安的追求。桃木文化的价值理念经过技术化处理后，使桃木文化得到了传承，也在现代社会生活里注入了新的生命力。

木价值理念，即人们赋予木的具有美好象征的含义。木的理念价值是长久以来，经过各个时代的发展凝结的成果，其中，一些理念具有地域特征，是特定的年代的产物。在选取可以技术化的木价值理念时，要取其精华，更需要在新时代发展下选取木价值理念，满足现代人的精神需求，并在室内空间加以应用。

通过对木文化在现代室内空间技术化应用的方式，开辟室内空间设计的新方向，实现木文化在现代和以后的传承。这种方式符合现代设计的发展趋势，是一种让艺术走进大众的发展趋势。由于此思路目前处于探索阶段，因此，要对此进行深入研究。

第五节　木文化之传统木雕艺术在现代室内设计中的应用

一、传统木雕概述

　　木雕艺术是经过上千年的发展沉积而成的艺术形式，因此，具有极强的历史性和文化意蕴。在以前的现代化室内设计中，设计师更推崇西方的设计风格，也就是简约的设计风格。在社会的快速发展下，人们的生活水平得到提高，由此，对于文化的需求也在不断提升，人们追求物质满足，同时也追求精神满足。木雕艺术与现代室内设计融合，有着提升室内空间美感的作用，还能使木雕文化得到弘扬。木雕艺术是传统工艺美术的其中一种。自然社会呈现的"人与自然和谐统一"的意境是一种崇尚和融合。因此，"木"文化即使经历了数千年的时代洗礼，也仍然得以留存。木雕工艺最早出现在距今七千年左右的河姆渡文化中，在对其进行考古活动时，发现了木鱼、雕花木桨等物品。因此，在七千年前的人类社会，木雕工艺就已经被人们应用，既具有使用功能，也具有观赏功能。不只如此，在殷商时期，建筑木雕也有出现，其中，最具代表性的是圆雕木猴，呈现了当时的文化和审美。传统木雕艺术有两种，是工艺和艺术。传统木雕工艺经常被应用在人们日常生活所用的物品中，其技艺高超，而且精致。在建筑物和生活家具方面，不论是工匠的手工制作，还是后期的机器流水线制作，木雕都能呈现一种传统的民族特征。这类木雕作品的主要作用是装饰，功能性并不强。艺术性的木雕作品是创作者的艺术内涵的呈现，极具艺术性，并且在整个木雕作品，从设计到制作的过程都是由一个人负责的。因此，一个完整的木雕作品是呈现创作者自身的艺术内涵和审美观念的载体。这类木雕作品的构思非常细致，而且具有极高的艺术内涵，能很好地呈现作者的创作思想。

二、传统木雕艺术在现代室内设计中的应用原则

（一）直接引用原则

在木雕装饰中，有一些比较经典、风格简洁、文化内涵丰富的图案，这些图案可以应用到室内设计中。例如，回字纹、万字纹、云纹等。还有一些具有喜庆、祝福意蕴的汉字纹，也能应用在室内设计中。例如，"福""喜""吉"等。

（二）简化提炼的应用原则

简化提炼，即木雕艺术纹样进行处理的一种转化方式，是把一个复杂、细致的木雕图案，以某种方式转换成简洁的图案的处理过程。在图案转化的同时，需要注意留存原纹的意蕴和内涵，在此基础上，把图案最大化地进行简化，这样做能够更好地突出主题，提升室内设计原有的美感，同时实现图案的简洁化。

（三）抽象、夸张的应用原则

抽象和夸张的手法，在使用上需要讲究一定的原则。对一些传统木雕纹案形象以几何变形的手法进行合理化处理，提升纹案的特征，使其特点得到最大化呈现，再通过几何线的应用对纹案的基本外形归纳和整理，创作者要充分发挥自身的创作灵感和能力，把纹案的形态特征最大化呈现，提升室内设计中木雕纹案的视觉冲击力和文化之美。

（四）分解组合的应用原则

分解组合，即对木雕图案进行分解化处理，主要是在相关理念下，对构图原则重新整合，然后把一些比较重要的元素在分解、提取后，进行重叠、增加、集中组合等的操作，突出连续纹案的节奏感和装饰性。接着把得到的连续性的纹案在结合时代特征下合理地创新，通过融入一些带有时代特征的形象，能够使纹案具有现代感，与时俱进。

三、传统木雕艺术在现代室内设计中的实际应用

(一)应用于酒店、寺庙等室内空间

木雕艺术在酒店、寺庙等室内设计中的应用，主要以艺术价值为主。由于酒店、寺庙等是系统化的建筑工程，因此，工程设计初期就需要对木雕艺术的装饰性、分隔性作用进行分析，同时也有着严格的要求。例如，大部分的现代装饰都包含潮州、黄杨、东阳等地的木雕艺术。潮州木雕以浮雕、圆雕为主，在室内门窗、屏风方面应用，能够提升室内空间的层次感，而且这种浮雕不受时间、空间的限制。黄杨木雕具有非常优质的材质，因此，非常适合进行细致的雕刻。黄杨木雕应用在室内空间，能够提升空间细节处的装饰效果。东阳木雕的类型非常丰富，在室内空间中的应用方式与潮州木雕相同，且大多数以浮雕、圆雕为主，主要应用在屏风和家具制造方面。

(二)应用于茶楼、家居的装饰方面

木雕艺术在茶楼、家居装饰等方面也会被应用，是以点缀的方式出现在局部，这样做能够使木雕艺术与其他饰品更好地呼应，起到装饰室内空间的作用，提升室内空间的美感。例如，在室内家居装饰中，设计师可以在梁柱的顶部应用木雕雀，采用木雕挂罗的方式装饰横梁，再用落地隔扇把大厅的整体空间划分。此外，在室内设计中，设计师还可以把吊顶装饰与木雕窗栏结合使用，提升室内环境氛围。木雕的装饰作用应用在现代室内设计中，能够加强室内空间装饰的对比效果，增强视觉冲击感。

(三)应用于室内家具设计方面

家具含有历史性和艺术性，更是呈现文化的载体。家具作为木雕的载体，能够使不同时期的民族文化得到呈现。除此之外，每个民族在其发展过程中都会受到一定因素的影响，其中就包括自然环境和社会因素。因此，每个民族所具备的文化内涵是不同的。木雕家具能够完整地呈现每个民族的文化特征。因此，在现代家具中，一些中式家具蕴含的艺术性和文化内涵都是非常

丰富的。这也是木雕家具能够得到大部分设计师和顾客青睐的原因。例如，杭州的常青藤茶馆的家具应用的就是木雕家具，以提炼相关元素为主，直接把图案应用在门窗上，用于装饰，这些木雕门窗装饰都是精致细腻且富有文化底蕴的图案。例如，在现代家具中，有一些木雕门窗带有龙纹、几何纹等图案。木雕花窗家具在设计元素的应用上，采用的是经典且富有历史感的元素，呈现一种厚重、华贵的室内空间。因此，不论是在古代，还是在现代，木雕花窗一直被高效应用，同时也获得大部分人的青睐。木雕花窗在室内设计中的应用，采用的是直接引用的原则，设计师在把元素引入到室内设计中时，通常是直接把蕴含美好寓意的文字进行引用。再把美好寓意的文字与传统木雕纹样合理融合，促进了现代室内设计与传统文化的融合，使现代室内设计既具备古典文化意蕴和现代审美观念，也更好地传承了传统文化。

（四）应用于室内工艺品设计方面

设计师在进行现代室内设计的时候，会在一些工艺品中融入美化环境的元素，通过装饰提升工艺品的观赏性，提升整个室内空间的和谐性。带有木雕艺术的室内空间，能够与一些现代化的木雕艺术品合理结合，这样做能够使整个室内空间呈现艺术层次，起到增强室内环境的作用，提升住户在室内居住的舒适性，满足人们对文化艺术的精神需求。除此之外，设计师在进行室内设计的时候，通过把自身的审美观念和艺术内涵，融入工艺品设计中，能够提升工艺品的特性，使用根雕、木雕相结合的手法，提升工艺品的文化价值和艺术内涵。在室内设计的过程中融入木雕艺术，能够提升室内空间的美观性、艺术性和文化意蕴。不只如此，现代室内设计的发展需要设计师不断提升自身的创新能力、审美观念、文化内涵，这样才能创作出富含文化意蕴的室内空间，使木雕艺术的魅力得到充分展现。现代室内设计与木雕艺术的结合，是现代人热爱传统文化的体现，是传统文化得以传承的重要途径。木雕艺术融入现代室内设计，能够提升室内空间的艺术内涵，从而给用户提供一种美好的精神感受。

第五章

传统文化之雕花纹样艺术在室内设计中的应用与发展

第一节　传统文化之雕花纹样艺术

一、雕花纹样之文化底蕴

古往今来，雕花纹样始终占据着中国建筑装修的重要位置，是一种重要的元素。在亭、台、楼、阁、榭、轩、门、窗、厨、柜、案、几等方面，雕花纹样都有呈现。雕花纹样应用在建筑装饰中，能够使建筑更加玲珑剔透，呈现一种古典优雅的美感。不止如此，古建筑构造巧夺天工、绚丽多姿的色彩与雕花纹样的融合，使建筑更具古朴、奢华、清新、脱俗的格调。在雕花图案的取材方面，通常选用一些历史典故、戏曲人物、花鸟虫鱼、日月星辰等，在图案的表面以比喻、双关、谐音、象征的艺术手法使吉祥意蕴蕴含在内。

中华民族有着五千多年的传统文化。雕花艺术应用在室内装修中，不仅能够提升作品审美，还能彰显不同地域独有的艺术特色。

明、清皇家宫殿以及豪绅富贾的私家园林的建筑都给人一种富贵奢华的感受。故宫的雕花设计在选材方面，极具庄重富贵之感，在历经时代的洗礼后，建筑中的富贵之气与皇家风范依旧不减当年。园林雕花纹样在选材方面，即使不及皇家宫殿的华贵，但是清雅的氛围在古朴之中不失典雅。

在现代室内装修中应用传统雕花纹样，既能保留现代室内设计原有的艺术气息，又能拓宽现代室内设计的发展方向。古典元素与现代元素的合理融合，能够提升现代室内环境的时代气息和古朴意蕴。

传统文化讲究"人与自然和谐统一"、崇尚自然，与自然相融相生的理念。因此，千年来，中国建筑始终通过木构架建筑房舍、宫府，由此就形成了中国独有的木建筑文化。雕花纹样在中国传统装饰艺术中更具特色。从地域特色来看，中国地域广阔，由此，就出现了不同的地域文化，其中以浙江东阳雕花、广东金漆雕花、黄杨雕花和福建龙眼雕花最为著名，被称作"四大名雕"。还有南京仿古雕花、曲阜楷雕花、永陵桦雕花、苏州红雕花、剑川云雕花、泉州彩雕花和上海白雕花等。这些雕花都是因产地、选材或者工艺特色而得名,有的时代久远具有较高的工艺水准和传统特征,有的是后面逐渐发展起来的,但是雕花技艺也非常高超,造型堪称完美,含有鲜明的地方特征。这些表现形式呈现的都是中华民族独有的气质和文化底蕴,不只是中国劳动人民智慧的结晶,更是中华民族对世界文化遗产的杰出贡献。

二、传统雕花纹样之渊源与发展

中国雕花工艺历史悠久,在距今七千年左右的浙江河姆渡文化遗产的考古中,出土了雕花木桨、剑鞘、圆雕、木鱼、鱼形器柄等文物。木鱼周身雕刻着环形纹,呈现一种细腻、清晰的感觉,造型更是灵动性十足。由此可知,中国的雕花工艺在距今七千年以前就已经出现,那个时候的祖先创作的雕花艺术品,既具有观赏性,也具有实用性。

殷商时期就已经出现了中国建筑的雕花艺术。雕花与木架结构相结合,促进工艺迈入了"大木作"的初始时期。

雕花艺术最早在建筑装修上被呈现。从殷商时期开始,雕花艺术与木架房屋结构就已经达到了相互融合的局面。自此,"大木作"时期正式开始。

文明的发展使明清雕花呈现繁荣的景象。此时期的雕花纹样较多,以人物故事、山水、花鸟、走兽为题材的居多。不同的纹样需要应用不同的雕刻技法,其中包括圆雕、透雕、双面雕、镂雕和阴阳雕等。不同的技法的表现力不同,都能使雕花作品中的人物、花鸟、鱼虫被雕刻的灵活、生动。在室内设计中,雕花纹样经常在家具、门窗等方面被应用,极具特征的雕花艺术与载体的合理结合,是凸显传统意蕴的重要途径之一,赋予物件文化内涵,可以起到画龙点睛的作用。设计师在应用雕花纹样的时候,通常选用与题材相符,且富含意蕴的纹样,以此烘托居住者的审美观念,打造舒适和谐的室内空间。

随着时代的进步,经济逐渐发达,促进了雕花艺术的发展,设计师在进行室内设计时,通常会把雕花艺术应用在室内装饰中。由于人们生活水平的不断提升,使人们对日常生活的质量有了更高的要求,因此,设计师在装饰室内空间的时候,需要在室内空间融入文化内涵和历史底蕴,以此更好地满

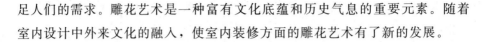

足人们的需求。雕花艺术是一种富有文化底蕴和历史气息的重要元素。随着室内设计中外来文化的融入，使室内装修方面的雕花艺术有了新的发展。

三、传统雕花纹样之种类

（一）含有传统意蕴的图样

古往今来，在传统文化的不断影响下，人们逐渐给很多生物赋予不同的寓意。例如，龙喜水、凤喜火。人们会雕刻龙和凤，以示龙凤呈祥寓意。不只如此，龙凤呈祥也被应用到很多地方。例如，结婚时新娘、新郎穿的龙凤褂，广场、公园的纪念碑上雕刻的龙和凤，住宅门口摆放的石狮子。在人们眼里，狮子有着凶猛、威震四方的意蕴。三只羊代表三阳开泰，主要是用于祈祷、追求好运。爆竹代表经过一年的辛勤劳作，使家庭生活富足、美好。

（二）简单、抽象的几何纹样

几何样式都是由点构成线、线构成面、面构成体的简单部分组成。虽然这些点、线、面都是由简单的元素构成，但是这些简单的元素应用一定的逻辑概念，就能使其形成特殊的纹样。例如，简单的线可以组合成生动的人物图案、简单的面可以组合成气势恢宏的壁画、简单的圆圈可以组合成一张意蕴唯美的山水画。因此，应用简单的图形就能够描绘出抽象的几何纹样。

（三）形象、生动的生活纹样

生活图样的应用素材都源自生活，正如艺术源于生活并优于生活一样。最开始从事雕刻的都是民间的小作坊，这些人在生活所迫之下。通过制作一些带有雕刻纹样的生活用品维持基本生活，这些人没有丰富的制作经验、美术功底，因此，他们的素材主要源自生活中显而易见的东西。例如，绘制一只正在吃竹子的大熊猫，通过把熊猫可爱、憨厚的形象进行渲染，达到装饰的目的。再如绘制水中游走的鱼儿，通过把正在觅食的小鱼儿进行形象生动的绘制达到装饰的目的。还会绘制含苞待放的花朵，通过雕刻描绘出大自然生机勃勃的景象。因此，这些纹样都极具生活气息，也更贴近人们的日常生

活，能够把人们的生活更好的呈现。

四、传统雕花纹样之艺术性与装饰性

（一）传统雕花纹样的艺术性

传统雕花属于传统手工艺术的种类。传统雕花与传统绘画不同，雕花是三维立体造型的展示，绘画是二维平面的展示。雕花在现代室内设计中，通常以木材为载体装饰室内空间。雕花艺术被广泛应用，这使雕花艺术的载体逐渐增多，除传统木质材质外，还包括石头、金属、玉器、塑料等，这些都是雕花的载体，设计师需要依照室内空间的风格、场合应用合适的雕花。雕花的纹样繁多，具有雕花纹样的物品都含有传统艺术之美，给人超凡、大气的视觉美感。这些雕花纹样不会随着时间的变化而发生改变，可以历久弥新。

雕花艺术家眼中的世界是立体的，富有造型美感。不论是简单还是复杂的造型，都是以物体本身的内涵呈现造型之美。雕花艺术家在进行雕花创作时，不仅要使雕刻的纹样更加立体、饱满，还需要凸显纹样整体的凹凸感，目的是更直接地呈现雕花纹样的内涵和空间感。雕花艺术家的灵感来源于日常生活，他们对生活有着细致的观察，并在亲身体验下找寻创作的灵感，在创作的时候把这些灵感合理地融入，赋予作品生命力。

（二）传统雕花纹样的装饰性

中国传统雕花纹样与西方国家不同，西方国家更加复杂，喜欢把艺术表现出来。中国传统雕花纹样非常精美，常是以简单的图案呈现复杂的内涵。中国的雕花艺术家，在进行雕花制作的时候，通常是应用几何元素对纹样进行勾勒，因此，作品中呈现的不是肌肉和夸张的面部表情，而是把正常的表情和神态表现出来，彰显中国传统文化的朴素之美与神圣之美。与之相反的是西方的作品，西方的艺术家喜欢把人物的表情、肌肉、骨骼等生动地表现出来。中国传统雕花是中国独有的艺术，制作雕花的艺术家通常是不拘一格、不受条件约束的，他们能在没有任何参照物的情况下把纹样雕刻出来，把想象到的图案自然、简单地表现出来，从而使作品更具美感。

第二节　传统雕花纹样与现代室内设计的关系

一、雕花纹样之创新艺术氛围

就室内设计而言，不同的室内氛围给人的感受是不同的。在室内空间中应用带有雕花纹样的艺术品，可以提升室内空间的文化氛围，使室内空间更具艺术性。雕花除艺术性外还有装饰性。一件雕花艺术品所蕴含的艺术气息是制作者创作思维与思想情感的呈现。把具有雕花纹样的作品应用在室内空间，使人们更多地感受到的是雕花艺术品本身的艺术性，在室内空间中融入具有雕花纹样的艺术品，可以体现居住者的审美品位。

室内空间与雕花艺术品的合理结合需要一定的室内空间。雕花艺术品占用的室内空间通常是雕花空间，由于雕花装饰品是三维立体的物品，因此，在室内空间中摆放的时候，也会占用一定体积的三维立体空间。此外，雕花艺术品上的雕花本身就具有三维立体的效果。设计师通过合理的应用，可以使室内空间具有清新、高雅的氛围。设计师也会在客厅中摆放雕花，这样可以使客厅具有高端、大气的视觉感受，以此呈现居住者的人文素养。卧室中的衣柜、床等生活用品，也可以融入雕花元素，这种元素的融入可以使居住者感受到和谐、宁静的氛围。卧室中的雕花纹样可以与镂空元素结合应用，可以增强卧室的通透性，保证住户的隐私。设计师在书房中应用雕花艺术品可以提升书房的文化意蕴，使人感受到古色古香的室内氛围，使阅读者更容易沉浸在阅读的海洋中，彰显居住者的知识涵养。在客厅中应用雕花纹样，可以使人感受到简单、大方的室内氛围，表现出房屋主人热情好客的态度。

雕花纹样的装饰品应用在任何环境中，都会提升室内空间的环境氛围，摆放在不同的环境中会给人不同的视觉效果和人体感受。

二、雕花纹样之空间分隔

室内空间可以分为单一空间和复杂空间。单一空间是由三个简单的面构成，是由墙、地面和顶面构成的单独空间。单一空间的建造较为简单，因此，大部分小区都以单一空间的方式进行建造，在合理应用室内空间的基础上，把单一空间拆分，以此形成多个单一的室内空间，由此就形成了复杂空间。在室内设计中，想要把单一空间进行拆分和改建，就需要花费较长的时间，因此，在室内空间的划分上，大多采用隔断方式分割室内空间。例如，大部分住宅里应用的带有雕花纹样的酒柜、屏风，这些物件的应用呈现的都是对单一的空间分割，对室内空间进行分割，可以提升室内空间的利用率、层次感。

三、雕花纹样之改善室内光环境

就室内装饰设计而言，虽然现代的室内装饰设计与传统的室内装饰设计有所不同，但是相互关联。设计师把传统雕花艺术与现代室内设计合理结合，是传统与现代的结合，对促进传统与现代的合理结合起到重要的作用。例如，北京国家博物馆的装饰风格采用的是中式风格，因此，应用的隔断、屏风、壁画、门窗大多含有传统雕花纹样，彰显国家博物馆的壮观、雄伟。设计师把这些雕花纹样用于装饰，可以使人感受到传统的中国之美，表现出传统文化的底蕴，提升参观者的视觉感受，同时更好地弘扬中国的传统文化。

在室内设计中，室内空间的光环境会直接影响室内空间的整体氛围。就室内的装饰而言，不同的灯光照射在相同的装饰上面，表现出的视觉感和艺术意蕴是不同的，因此，室内空间的装饰不仅需要与整体空间相和谐，还需与室内空间的光相互呼应。在室内设计中，室内光线与装饰风格的搭配难度较高，由于人们的生活水平、审美标准已经得到提高，因此，需要对室内空间的环境进行创新，以满足人们的精神需求和物质需求。设计师在进行室内装饰设计的时候，要在室内空间和灯光合理融合的基础上进行设计，这样才能使设计出的室内空间更具美感。白天的室内空间会有自然的光照射进来，在此基础上，设计师可以把室内的装饰与白天的光线相结合，打造出日光与室内空间相辉映的视觉效果，可以应用传统的雕花纹样进行室内装饰，使雕花纹样与自然光线相结合，令雕花的纹理、光泽清晰地呈现，雕花纹样与自然光的合理结合，可以使装饰品更好地呈现其美感。就室内空间的光而言，有自然光也有非自然光，非自然光指的是人造光。人造光在室内设计中指的是灯光设计。就现代的设计而言，人们非常重视室内的灯光，在室内空间中应用的灯光不同，会使人有不同的视觉感受。例如，KTV 应用的闪光灯，目的是烘托室内的氛围，激发人们高昂、欢快的情绪。卧室经常应用暖白色灯光，这种灯光亮度比较柔和，更适合人们休息和入睡。在室内的灯上应用雕花纹样进行装饰，可以使灯光更具传统文化的气息，灯光照射在装饰品上可以呈现富有内涵的艺术氛围，使人感受到静谧、古典的空间意蕴，促进中国传统文化的发展。

第三节　传统雕花纹样艺术在室内设计中的应用和方法

科学技术的发展使人们的生活水平得到了提高，现代的人们不仅注重室内设计的实用性，还重视室内空间的审美内涵。传统雕花纹样是中国传统艺术的精华，是一种以木材载体进行创作的艺术，其作品能够直接呈现创作者的艺术内涵。将传统雕花纹样合理融入室内设计，不仅能够使室内空间的艺术氛围得到提升，还能增强人们的艺术内涵。因此，中国传统雕花纹样融入室内设计，是室内设计发展的重要方向之一。加强对传统雕花纹样的探究，能够使其更好地与室内设计融合。

一、中国传统雕花纹样在室内设计中的表现方式

（一）地面与天花板

在现代室内空间设计中，室内设计的风格以简洁和油压效果为主。在室内装饰方面，经常会融合雕花纹样进行设计。其中，天花板的应用比较少，在地面的设计中应用传统纹样，也只会在特别的功能区域使用，而且应用在设计中的纹样都较为单一。例如，在吊顶融入传统冰裂花纹装饰，交错的纹理能使室内空间具有宁静、典雅的氛围，增强室内环境的文化意蕴。

（二）墙面

雕花纹样在墙面的应用较多，且内容丰富。传统纹样经常在挂画、壁画上面出现，起到装饰作用。壁画经常摆放在酒店等较大的空间内，挂画则悬挂在书房等较小的空间内。室内门窗上也能够应用传统雕花纹样进行装饰，特征是花式精美。镂空墙面的应用能够使室内的采光和通透性更好，还能营造一种朦胧氛围的室内空间。在室外光线透过镂空照射到室内的时候，能够提升室内空间的亮度，减少室内空间的封闭感和压抑感。

（三）隔断

隔断应用在室内空间设计中，对室内空间的分割有重要的作用，室内空间被合理分割能够增强空间利用率，不仅如此，隔断具备的美观性和装饰性，能够对室内空间起到更好的装饰作用。

除此之外，隔断的应用还能够提升室内空间的层次感，使室内空间呈现隔而不绝的运维。将隔断应用在室内空间，要注意遵循雕花纹样的特征，使其合理融入传统隔断墙，从而呈现个体空间的独立性、隐秘性的特点，使整体的室内空间更具统一性。隔断门的应用主要是通过滑道运行，达到可以开关隔断门的目的，更好地满足住户的实际需求。

（四）顶棚

室内装饰是由多个部分组成的，其中，顶棚的设计对室内空间的整体性有着重要的影响，能够直接影响到室内整体的设计风格。目前，在顶棚设计中融入中国传统雕花纹样的方式应用的比较少。把传统雕花纹样应用在客厅中能够提升客厅环境氛围，主要起到装饰作用，提升室内设计的品质。不止如此，以木质为载体的雕花纹样设计应用在顶棚，能够增强顶棚的坚固性，延长其使用年限。室内设计中雕花纹样与顶棚的巧妙结合，能够提升顶棚的通透感，减少室内空间环境带给住户的压抑感。雕花纹样的造型经常以简单大方、富有层次的方式进行处理，不同花形的设计给人的视觉感受是不同的。例如，花形给人一种富贵、春意的感受，古典花样则给人一种庄重的同时不失典雅的感受。

二、中国传统雕花纹样在室内设计中的应用方式

（一）形式之提取和再造

把中国传统雕花纹样融入现代室内设计，其元素的提取和再造，是在传统雕花纹样的转换和重组的基础上应用在实际中，不是直接照抄、照搬。在这个过程中，传统文化能够拓展室内设计的创作思路，同时能够对传统雕花纹样进行创新。

（二）意境之提取和表达

由于人们生活水平的不断提高，逐渐开始追求更高品质的生活，即意境。人们的意念随着更高品质的生活得到延伸。提升室内空间环境的设计内涵，能够使设计作品更好地呈现传统文化意蕴。将现代建筑材料应用在室内设计中，能够提升室内设计的文化理念，呈现传统文化内涵，营造一种景虽在画内，但意却在画外的空间意境，以此满足人们的精神需求。

（三）形式与意境之结合

中国传统雕花纹样融入现代室内设计中，主要呈现"形意结合"的境界，不仅重视传统纹样设计，还重视传统纹样内涵的传承和发展。

三、中国传统雕花纹样与室内设计的交融方式

第一，中国传统雕花纹样融入现代室内设计。通过把典型的装饰元素提取后，合理地应用在字画、屏风等上面。例如，窗格上传统纹样的雕刻和彩绘。把传统文化元素融入现代室内设计，能够提升室内空间的文化氛围。

第二，现代室内设计要注重装饰材料的创新。中国在传统风格的室内装饰方面，应用的材料都是精细的硬木，而硬木具有的天然性以及纹理、色泽都能提升室内空间环境宁静、雅致的氛围。但是，一些传统装饰材料在现代设计中有着明显的局限性。因此，装饰材料的创新是刻不容缓的。

第三，传统雕花纹样要与现代室内设计合理融合。想要二者合理融合，就需要重视对传统雕花纹样的探究和分析。在提取、总结、夸张等方式上进行传统雕花纹样的创新，避免传统雕花纹样在现代设计中产生局限性，从而更好地提升室内设计的空间意蕴。

第四，室内设计的装饰风格要彰显传统文化内涵。传统雕花纹样融入现代室内设计对二者的发展都有着重要的意义。在传统雕花纹样的文化内涵和社会背景等方面，能够提取与设计主旨相关的文化信息，再通过探究其特殊意蕴，从而使二者合理且有效的融合，提升现代室内设计中式风格的意蕴。例如，传统室内设计讲究合理的空间分割，这一理念在创新后能够融入现代室内设计，可以根据室内空间的具体功能合理分隔或划分，以此提升现代室内空间中传统家具的层次感。

总之，中国传统雕花纹样融入现代室内设计，既要注重传统雕花艺术内涵的弘扬、发扬时代特色、探索风俗人情，还要提升室内空间的传统文化内涵。在探究两者文化内涵的同时相互补足、相互借鉴。传统雕花纹样融入现代室内设计，能够激发设计师的创作激情，是设计师进行作品创作的灵感源泉，在传统雕花纹样的影响下，能够创作出更优秀的设计作品。

中国传统雕花纹样是历经千年考验留存的文化艺术，其内涵丰富、设计价值深厚，应用在现代室内设计中，能够提升室内设计的艺术内涵。因此，提升对传统雕花纹样的探究，从而更好地促进现代室内设计与传统文化相融合，使现代室内设计具有独特艺术魅力。

第四节　传统雕花纹样艺术在未来室内设计中的发展

一、艺术形式之提炼与重构

艺术设计中主要是对设计理念的追求，在设计中，少可以胜多。在传统雕花纹样的影响下，现代室内装修把其融入在内，在传统雕花纹样中汲取精华部分，并且融入现代室内装修中，根据"去繁从简"的理念，使现代室内设计符合现代人的审美观念。在图案纹样方面来看主要是宏观层面的构图设计、微观层面的纹样和线条。雕花艺术家在传统文化元素中探索富有历史性的艺术之美，再通过把自身的创作源泉和现代室内设计理念的融合，提升现代室内设计的古典美和朴实美。在传统文化中，常见的传统文化元素有祥云图案等。祥云图案给人呈现一种典雅的线条美，而且其本身的寓意是吉祥、美好的。雕花艺术创作者通常在传统文化元素具备的含义内，把传统艺术与现代艺术融合后进行创作，提升传统文化元素与现代室内设计的融合成效。祥云图案从宏观层面来看，雕花艺术创作者经常把祥云图案以组合的形式呈现，从视觉上提升祥云图案的组合所产生的虚无感，衬托室内空间氛围。首先，以图案本身来看，祥云图案线条流畅，而且能够给人一种灵动感。祥云图案在其自身线条的变化、延伸和选色上，都与其制作材质相互辉映，并且很好地呈现传统文化元素的艺术美，更是将传统文化元素的朴实、典雅的气质美生动地呈现。其次，现代室内设计在图案题材的选取上可以借鉴祥云图案，能够使现代室内设计的风格更具生气，与此同时，能够向人们传达出一种吉祥的意蕴。

除传统雕花纹样的植物和人物应用在现代室内设计的题材中外，文字也经常出现在现代室内设计中。在带有文字题材的作品中，文字的选取经常以"福""禄""寿""喜""财"等为主。在传统文化中，这些都是含有吉祥意蕴的文字。这些文字在现代室内设计作品的题材应用方面，可以对单独的字进行构图，让单独的字在作品中呈现。单独字的应用主要是出现在一些篇幅较小的作品中。多个字体经常是以组合的形式出现在一些篇幅较大的作品中，在应用的同时，会使组合字与相应的花边装饰共同融入作品。这类篇幅较大的作品，应用的元素过少会显得单调和空洞，经常在应用文字到现代室内设计的作品中时，会添加一些图案，如植物、鱼、鸟等图案，以此来提升作品的整体美。除此之外，在作品边框处理方面，也会使用简单的汉字组成组合重复出现，其中最常应用的是"回"字纹和"己"字纹。这种应用方式，既可以呈现精神上的空灵虚无感，也可以提升作品的整齐性，避免引入花草、鱼虫等题材后产生杂乱感，从而更好地凸显主旨。在现代室内设计作品中应用这样的文字题材与构图思想，能够提升实际操作的成效。此类作品在现代室内设计中常用于门窗与隔断，既能促进室内光源引入，也不阻挡居住者视线，还能形成一种富有隐私性的室内空间。在现代室内设计作品中，应用牡丹等花卉题材，能够营造一种富贵的室内氛围。尤其是梅、兰、竹、菊题材的选用，更能提升室内空间的文化意蕴。在现代室内设计作品中，动物题材的雕花纹样的应用也经常出现，动物题材的选取通常是以鱼、鹤、龙纹等为主，这些图纹富有吉祥的意蕴。

二、民族文化特征之变化与延续

传统雕花纹样是中国古建筑物中的重要组成部分，这些雕花纹样也被应用在现代室内设计中，其中就包含建筑构件、家具装饰、门窗隔断和摆设件等，传统雕花纹样是中国古代艺术文化的体现，是中国的无价之宝。这些雕花纹样含有中国传统文化的精神，寄托着古人对幸福生活的希望。传统的装饰构件繁多，包括廊架、隔扇、门窗、雕花板、屏障、床罩等，都可以表现出传统文化的意蕴。雕花在不同时期的历史内涵不同。就现在而言，这些具有深厚历史底蕴和民族气息的雕花纹样依然会在设计作品中出现。

例如，西安苏福记分店中的背景墙的装饰，以方格拼接的手法把方格与方格之间融入不同的雕花纹样，这些装饰使墙面更具美感，简化重构的手法使作品表面更加整洁美观，从而突出设计的内涵。

传统雕花纹样也被应用在现代室内设计中，在室内设计中占有重要的艺术地位。现代室内装饰的风格丰富多彩，其中包括中式风格、后现代风格、现代风格和传统风格等，部分风格的室内设计促进了传统文化的发展。现代室内设计在不断发展、融合、完善下形成了独特的设计理念，从而打造出更精美的室内设计作品。雕花纹样具有极强的美感，其作品能使人感受到质感和空间感，把雕花纹样应用在室内空间中，可以丰富室内空间的设计元素。含有雕花纹样的艺术品在材质的选用上更加标准，通常选用对环境无污染的木材，这样才能使制作出的作品符合绿色设计的理念，因此，深受人们的喜爱和认同。就传统雕花纹样而言，不仅具有美化室内环境的作用，还具有深厚的艺术价值，对室内设计的发展起到了重要的促进作用。

　　人们在室内空间中的时间较长，几乎占据人一生的大部分时间，人的起居、工作、消费等活动都需要在室内完成。因此，设计师需要打造出优质的室内环境，这对人们的生活有着重要的意义。室内空间的氛围可以直接影响到人在室内空间的舒适度，室内空间的装饰对人的行为活动也有一定的影响。传统的雕花纹样具有极强的审美意蕴，在室内设计中融入雕花纹样，可以使室内环境得到改善，对室内空间具有装饰作用，以此打造富有格调的室内空间。此外，木材源于自然，以木材为载体的雕花作品应用在室内空间可以净化室内环境，提升室内空间的人文意蕴，彰显居住者的审美品位。

　　雕花艺术是中国传统文化的重要组成部分，并被人们广泛地应用在室内设计中。雕花艺术是立体的三维艺术，是应用三维雕刻艺术把复杂的图案简单化，通过精湛的雕刻艺术制作出视觉效果更好的三维立体艺术品，从而使艺术品在视觉上惟妙惟肖、栩栩如生。此外，雕花艺术品还具有文化底蕴，可以使观赏者身临其境地感受中华民族深厚的文化内涵。雕花艺术含有的文化内涵丰富，甚至涵盖多种学科的艺术，其中包含传统文化、材料学、美术、装饰等。就室内环境而言，是人们日常生活的基本环境，设计师把传统雕花元素应用在室内装饰中，可以增强室内空间艺术美感，提高人们的生活质量，满足人们的审美需求。

第六章

传统文化之建筑元素瓦文化在室内设计中的应用与发展

第一节　传统文化之建筑元素瓦文化

瓦的相关内容最早出现在中国东汉学者许慎所著的《说文解字》中，并指出：瓦，土器已烧之总名。象形也。瓦在早期是指陶器，随着用途的转变，逐渐演化成屋顶构件的名称。在现代，瓦的用途是在屋顶上遮挡风雨，抵御寒来暑往的气候变化，提升人们在室内空间工作或居住的舒适度，是建筑屋顶的重要屏障。瓦不只是社会经济观念的表现，也是一种装饰艺术，不仅具备实用性，也具备装饰性。因此，瓦不只是社会经济文化的一个反映，更是富有艺术特征的物品。

一、瓦的演化

瓦的起源可以从瓦的载体开始，即建筑屋顶。起初，由于原始人经常饱受风雨和天灾，因此，他们学着在树上、山洞搭建茅草屋等建筑，由此开始了对工具的探索。在时代发展的过程中，人们发现地上的房屋比半地下的房屋更适合居住，因此，人类通过树枝和草搭建棚屋或帐篷。随后，中国早期建筑开始发展起来，建筑大多表现为台基为底、柱身居中、屋顶为上的特征。时代的不断发展使建筑能够满足人们的需求，通过不断发展萌生新的文化。

陕西省是目前最早挖掘出瓦遗址的地方，该省岐山地区曾挖掘出大量的瓦构件，经鉴别属于西周早期。例如，板瓦和筒瓦等。考古发现挖掘出的瓦的数量并不多，并由此推断瓦在当时只应用在屋脊、天沟、屋檐方面。不止如此，这些瓦大部分是素面半圆形状，少部分是重环纹半瓦当。在不断挖掘下，属于西周晚期的瓦的数量开始增加，类型也比较多，而且大部分建筑的屋顶开始全部应用瓦铺设。因此，从商周开始，生产力和工艺水平不断提升，使艺术设计有新了的发展。

《春秋》中指出，隐公八年，宋公、齐侯、卫侯盟于瓦屋。因此，当时的瓦已经应用在一些大型建筑上。例如，宫殿等大型建筑。学者通过古遗址发现早期建筑大部分是板瓦、筒瓦建成的，瓦上有精致的图案，图案样式繁多且富含文化意蕴，其中，当数筒瓦上精美的蝉纹最具艺术内涵。当时的社会正处在封建制度的管理下，因此，筒瓦只应用在宫殿、庙宇等建筑上。《春秋》中指出，宋、齐、卫三国国君曾在周王朝的瓦屋结盟，且该瓦屋铺设的是青瓦，因此，在那时青瓦只应用于位高权重者的房屋建筑上。战国时期，七雄争霸天下时的瓦的种类繁多，且具有各种各样的图案，由此，瓦的地域性开始呈现。此时期，人们注重实用价值也注重艺术价值，但是受技术水平的限制。例如，临淄齐国故城挖掘出的树木双兽纹瓦当，以及河北易县燕下都挖掘出的饕餮纹瓦当等。此时期是瓦当的产生阶段，瓦在房子建设方面的应用也开始普及，屋脊的装饰构件随之出现。

　　秦汉时期，制陶业的独立使工艺水平得到了提升。瓦和瓦之间的相接处，改为应用瓦榫头。西汉时期，瓦的制造工艺又有提升，规范了造瓦工序，使瓦的质量得到了提高。此时期的瓦，应用价值、艺术价值都已经非常高。秦代时，皇室贵族、平民百姓都以狩猎为主，此时期的瓦当纹样多以野兽等动物形象呈现，例如，鹿纹、异兽纹、虎纹等，图案的主要内容是描绘皇室贵族、平民百姓的狩猎场景，此时期的图案也呈现着人们的憧憬，例如，云纹等，表达的是人们对幸福、美好生活的期望。

　　汉代时，瓦的应用范围更加广泛，同时更具艺术性。汉代是以农业为主的时期，与此同时，手工业共同发展，由此，增加了瓦当的类型和图案，文字瓦当随之产生。文字瓦当是瓦的新类别，能够更好地记录这个时代的社会生活。写在文字瓦当上的字一般是十个左右，含有丰富内容，包括宫苑、吉语、纪事等方面。写在文字瓦当上的字富含艺术性，呈现刚柔并济、曲直刚正、方圆独特、疏密有致的特征，具有观赏性，是后人研究西汉书法的重要基础。与图案瓦当相比文字瓦当更具实用性，因此，除青龙、白虎、朱雀、玄武为主体的四神瓦当外，其余的图案瓦当逐渐被文字瓦当替代。四神瓦当的版本丰富，绘制的图案都极具特色且大气、精致，具有极高的艺术欣赏价值。此外，此时期的石屋等建筑上已经出现屋脊的装饰构件，例如，正脊呈两边上扬且中间下凹的形状，一般配有凤鸟装饰。

　　北魏太武时期，琉璃制品被誉为技术绝伦之作。琉璃的应用由奢侈品、名器的制作逐渐拓展到建筑材料方面，用作宫殿建筑的整体装饰。此时期建筑屋顶已经应用；琉璃瓦铺设。魏晋时期的瓦当图案主要是云纹与锯齿纹。

十六国时期，云纹瓦当被简化，呈现"九宫格"式的划分，文字读法转变为"上下右左"或者"上下左右"。瓦当的文字包括"大赵万岁""长山常贵"等。

南北朝时期盛行佛教，此时期的瓦当图纹经常与佛教相关，例如，忍冬纹和莲花纹等。

隋唐时期，《隋书·何稠传》中指出：时中国久绝琉璃之作，匠人无敢厝意，稠以绿瓷为之，与真不异。也就是说，到隋唐时期琉璃技术已经失传，何稠对古物颇有研究，于是借鉴古人的做法以绿瓷为工具进行尝试，终于使琉璃技术再次出现，由此就产生了琉璃瓦，即"釉陶砖瓦"。此时的琉璃瓦未被普及，直到唐代釉陶才得以完善，具有更加优质的质地，应用在宫殿的建筑上。此时期出现了唐三彩，极具特色和欣赏价值。

北宋时期的瓦当，主要呈现的是莲花纹。初期的莲花纹呈现双瓣且两边凸起的形式，晚期的莲花纹呈现单瓣且大体平整的形式。

五代时期的莲花纹呈现长条形状，由此，瓦沟的下端带有辅助屋顶排水的建筑构件，即"滴水"，并且在新疆、云南的一些遗址中发现了此时期的瓦当。

北宋学者李诚编写的《营造法式》，介绍了琉璃瓦的制造工艺。在元大都时期，琉璃瓦就已经应用在装饰方面。明清皇城建造时期的琉璃瓦，制造技术极高且极具艺术性。宋唐之后琉璃瓦逐渐兴起，经常被建筑师应用。宋唐时期的琉璃瓦，在宫殿等建筑上被应用，以京城建筑的琉璃瓦居多，此时期的瓦当图纹主要呈现的是兽面纹，应用在契丹和女真等民族。明清两代时期，建筑师以蟠龙纹样式的瓦当提升建筑的磅礴大气之感。宋辽时期，"滴水"的建筑构件已经得到普及，其外形多为卷边状、如意状，且具有艺术性和吉祥如意的寓意。

二、瓦的种类及艺术特征

（一）瓦的种类

1. 瓦片

瓦主要用于传统建筑屋顶覆盖，具有深厚的历史底蕴，是传统建筑历史长河中的文化积淀。在不同的历史时期，对瓦的要求和应用规则都是不同的，以此呈现不同的地域文化和特征。古代的瓦，形状上有板瓦和筒瓦两种，材质上有青瓦、琉璃瓦、银瓦等，建筑形式上有大式瓦作、小式瓦作，这些瓦的用处各不相同。大式瓦作，应用在宫殿、寺庙等建筑上，以筒瓦为主，用于骑缝，屋脊上经常会装饰吻兽，大式瓦作的制作材料主要是青瓦和琉璃瓦。小式瓦作，应用在小型建筑中，利用板瓦主体用于骑缝，屋脊上不会装饰吻兽等，小式瓦作的制作材料主要是小青瓦。

2. 瓦当

瓦当的种类繁多。从材料使用方面来看，包括灰陶、琉璃和金属。在生产、经济水平相对落后的年代，瓦以灰陶制成，蕴含深厚的历史底蕴。明清两代时期，瓦依然由灰陶制成。唐代的琉璃瓦只应用在庙宇、宫殿这种巍峨的建筑上，并未被普及。宋代以后，生产工艺大幅提升，改善了制作材料产生了金属瓦当，包括铸铁、黄铜和抹金，应用在极少的建筑中。从形状方面来看，包括半圆形、圆形和大半圆形。圆形的瓦当较多。战国时期的人们应用的是无图纹的半圆形瓦当，审美水平的提升使瓦当的外形发生了变化，由半圆形转变为圆形。同时出现了图案纹饰，例如，兽面纹和云纹等。圆形瓦当被普及，半圆形瓦当由此逐渐消失。秦汉时期，圆形瓦当已经取代了半圆形瓦当，且图纹样式丰富。从纹饰方面来看，包括图案纹瓦当、图像纹瓦当和文字瓦当。图像瓦当就是画瓦，常见的动物形象包括四神样式、鹿、老虎和龙等，植物形象包括青草、树和菊花等。文字瓦当就是瓦当上刻有文字，并以线或点组合而成，文字富含祝福意蕴，表达了人们对幸福和美好生活的憧憬。文字瓦当的表现形式多样，包含楷体、隶书和小篆体等，具有艺术欣赏价值。云纹瓦当的图案分为三种类型。一是几何形云纹，与西周的图案相似，圆心由几何形状组成，具有变化性。二是网形云纹，其特征疏密有致，圆心由网纹形状构成，与渔网、网状编织物以及狩猎用的编织物相似，呈现了人们狩猎、捕鱼的生活状态，可见古人对艺术的理解已经与生活相联系。三是任意形云纹，其圆心构成无特定形状且极具表现力，主要呈现建筑者的审美水平和思想，是古人对艺术理解的体现。此外，图案瓦当的纹饰还包括树纹、水纹、叶纹等，每一种纹饰都能呈现线条美。设计师在设计屋脊构件时经常在板瓦和筒瓦上添加装饰物，以此增添建筑的美感和艺术意蕴。常见的脊饰以动物形象为主，不同等级的建筑匹配不同的动物脊饰，例如，龙和狮子的动物形象只能应用在王侯将相的府邸建筑上，彰显身份的高贵。

屋脊在结构方面分正脊和垂脊两种类型。普通百姓的屋脊建设较为简单，且只有一条正脊，其中，带有垂脊的建筑应用的是青砖或者筒瓦。屋脊的装饰手法分为三种。一是鹤纹形式，从材料方面来看，包括筒瓦、琉璃和陶瓷鹤纹等。汉代时期，屋脊上的装饰构件多以筒瓦鹤纹为主，造型呈现两端上扬，整个看起来像是鱼尾。有钱人家或者官邸的造型都是应用孔雀或者凤凰等高贵动物来进行装饰。二是正脊装饰，以小青瓦铺设，形式和花样非常丰富，以此增强装饰效果，提升瓦片的稳定性。三是神兽装饰，经常应用在王侯将相的府邸，以及寺庙中，神兽的位置依照其所属的性质摆放。例如，正脊应当放置吻兽、垂脊应当放置垂兽，其他四角则是以神兽的寓意分别放置。古代的建筑当数神兽装饰最具特色。古代的建筑是木结构，因此，檐角前沿瓦片会受到垂脊瓦片的作用力，再结合瓦钉将其固定，防止瓦片脱落。瓦钉带有神兽形象，以此提升建筑的美感。

（二）瓦的艺术特征

1. 瓦的材质分类

青瓦，是指未上釉的青灰色瓦片。青瓦的使用范围极广，在古代的建筑中随处可见。在清代，青瓦又名布瓦。青瓦的原材料是泥土，烧制过程主要有三步，一是在泥土中加入清水，使其变成泥浆；二是用工具捏成圆形的陶坯；三是把圆形的陶坯分成两半，放入窑中进行烧制。

琉璃瓦又名缥瓦，是陶瓦经过加工后形成的，通过在陶瓦的表面上色呈现红、黄和绿等颜色。琉璃瓦通常用在宫殿等高贵建筑之中。

石板瓦，原材料是石片，建筑师在建筑的时候把其铺于屋顶上，充当瓦使用。石板瓦在普通百姓的石板房建筑上使用较多。铺设方式是把平整的小石均匀且有规律地铺设在屋顶上，组成瓦面。

金属瓦有三种，为铜瓦、铁瓦和银瓦，这三种瓦的制作材料分别是铜、铁和银，在制作成瓦片后，将其平整地铺设在建筑上。金属瓦常用在寺庙等宗教性明显的建筑中。根据《旧唐书》对铜片的记载，指出金瓦的详细信息，由此得知，金属瓦通常用在宗教的建筑中。目前尚留存的建筑有河北的万法归一殿等寺庙屋面均采用铜瓦铺设，四川峨眉山等地的寺庙以铁瓦铺设。

金瓦，即在铜瓦的基础上镀一层赤金，提升瓦的光泽度，使其金光闪闪。通常呈现鱼鳞状，多用在喇嘛庙的屋顶铺设。根据《旧唐书》的记载，指出五台山金阁寺的屋面铺设使用的是金瓦，以镂铜为瓦，在上面镀金。由此可知，金瓦的材料不完全是金子制成。

木瓦和竹瓦的材料简单、普遍，由此，多用在普通百姓的民宅。目前，在中国西南等地也有一些用木瓦和竹瓦组成的建筑。

明瓦的材料比较特殊，是蚌等生物的壳打磨抛光后形成的薄片，用在屋面或者窗户上，其作用是采光，提升屋内的亮度。

2. 瓦的造型分类

缅瓦，在傣族等少数民族中较为普遍，是云南等地常见的瓦。缅瓦的断面是一条直线，且呈方状。

朝鲜族瓦，通常用在朝鲜族的民宅建筑中。朝鲜族瓦的体积较大，铺设方式与传统建筑铺设方式不同。朝鲜族瓦在铺设屋面的过程中，通常会采用堆砌的形式在戗脊和正脊结合的地方把瓦层叠起来，使屋脊形成一个高耸的造型。

3. 瓦的铺设方式

鱼鳞瓦，其瓦片呈鱼鳞状，线条流畅且富有韵味。鱼鳞瓦用于铺设屋顶，可以提升屋面的平整度，彰显雅致。中国现存的鱼鳞瓦铺设屋面的建筑较少，其中，最为著名的是河北承德的须弥福寿之庙。该寺庙的主殿殿顶用的就是鱼鳞瓦，且镀金，使其金光闪耀，更加庄严肃穆。

仰瓦，其实是工人们在铺瓦的过程中，将呈"凹状"的瓦朝上铺设，而这种瓦则称作仰瓦。

合瓦，与仰瓦相反，即工人在铺瓦的过程中，把"凹状"生物瓦朝下铺设。合瓦通常与仰瓦一同使用，即每两排仰瓦的中间铺设一层合瓦，起到遮风挡雨的效果。通常情况下，建筑的等级决定所用的瓦的形式，普通百姓家的合瓦是板瓦，王侯将相等身份高贵的人的住宅使用的合瓦是筒瓦。

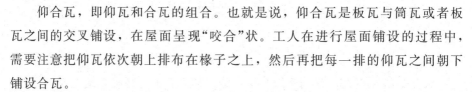

仰合瓦，即仰瓦和合瓦的组合。也就是说，仰合瓦是板瓦与筒瓦或者板瓦之间的交叉铺设，在屋面呈现"咬合"状。工人在进行屋面铺设的过程中，需要注意把仰瓦依次朝上排布在椽子之上，然后再把每一排的仰瓦之间朝下铺设合瓦。

4. 瓦的纹饰分类

瓦当艺术同其他艺术一样，均源于现实，是人们在进行社会生活过程中提炼和加工后形成的装饰艺术。

图像瓦当的纹样呈现的是社会生活。其瓦当图像多种多样，优美的结构和简练的线条彰显古人的聪慧，表现出古人在空间处理中的艺术审美。在古代，瓦当的图案主要是动物、植物或者山水等自然景象，动物纹饰以老虎、鸟、鹿和四神样式为主，植物纹饰以花瓣、大树和草等为主。图像瓦当的图案是根据浮雕的工艺技术进行设计的，具备艺术的审美特征，增加灵动性。这些涉及花鸟虫鱼等动植物图案的瓦当除了体现出一定的绘画风格外，通常带有丰富的寓意，既可以作为屋脊的装饰物，还可以寄托人们的各种祈愿。此外，古时人们刻画瓦当图案的同时，需要参照"阴阳五行"，如古人眼中的鹿、大雁、鹤和凤凰等图纹为阳，蛙和玉兔等图纹为阴，其中，四神瓦当最具艺术成就，包括青龙、白虎、朱雀和玄武。四神瓦当不仅可以装饰屋顶，还包含对应的地理方位和季节，甚至是颜色。

西汉中期的文字瓦当通常是用来表达人们内心的祈愿或者欲求，这些文字瓦当在一定程度上反映了当时的民生。例如，瓦当上的文字有"万寿无疆""富贵延年""千秋万岁""吉祥如意"等，都表现出人们心中的祈愿，表现出人们对美好生活的向往，以及对富贵平安的追求。这些文字瓦当具有极高的历史研究价值，是古时宫殿等建筑物的反映依据，帮助历史学家增强对古代建筑物的名称和方位的了解。文字瓦当的字数随着人们的心声而变化，具备艺术欣赏性。此外，多种多样的字体样式呈现当时人们的审美情趣和大家风范。不仅如此，文字瓦当的文字布局十分讲究，均整齐有序或精致匀称，体现出古代文字的结构和艺术价值，部分瓦当也反映当时的政治思想与阶级意愿。这些文字具备社会内涵，由此，常被政治家用作弘扬和表达其政治辉煌的工具。文字瓦当的使用大多是以规模庞大的建筑物为主，只从视觉角度看，文字瓦当上的文字是不清晰的，很难辨认。因此，文字瓦当的主要作用是装饰，即文字形式的图纹装饰。但是，这种图纹装饰与普通图纹装饰有区别，这种图文装饰具备说明性，可以呈现人们的思想和憧憬。

图纹瓦当是人们的愿望的载体，简单精巧的几何纹具备深刻的意蕴。例如，网心纹，其图纹具备紧密有致的特点，圆心是网纹状，类似渔网、网状编织物、狩猎用的编织网等，呈现人们狩猎或捕鱼的生活状态。

5. 屋脊装饰

筒瓦脊，通常在正脊的两侧运用面瓦层叠，中间的部分样式丰富，是运用瓦料组合成的不同的花形，又名暗亮花筒脊。也就是说筒瓦脊的脊底即脊帽由筒瓦构成，堆砌成实体，该部分被称为暗，脊身的中侧依照匠人的审美采用筒瓦或板瓦堆砌成不同的花形，该部分被称作亮花筒，因此，总称为"暗亮花筒脊"。

瓦屋脊，匠人在建设屋面的时候，由于安全、稳定瓦片和遮挡风雨的原因，在屋脊建设的时候会放置砖、瓦片等用于加固，由此形成瓦屋脊。通常小建筑物的正脊没有固定的模式，主要是瓦片堆砌而成的造型。

在西周时期，中国对色彩着重研究，把色彩分为正色和间色两种。西周时期，统治者在巩固王权下通过颜色划分等级，彰显身份。"正色"是权贵人家使用的颜色，包括"青""赤""黄""白""黑"，而"间色"是身份低微的人可以使用的颜色，是以上颜色的混合色。许慎的《说文解字》中指出：绿，青黄也；红，赤白也；碧，白青也；紫，赤黑也；骆黄，黑黄也。因此，正色可以通过混合制成其他颜色。古人认为，"正色"是身份的象征，有着权力和尊贵，"间色"是通过"正色"引申而来，其代表等级在正色之下。依照"阴阳五行"学说，五行的顺序是"金木土水火"，其对应颜色就是"青白黄赤黑"，其中，"土"位于中部，因此，"黄"最为贵重。黄帝作为人文始祖，广受人们的尊敬，由此，后人就对"黄"更加敬重。古代的帝王以"黄色琉璃瓦"建设宫殿，以此表示身份尊贵，其他宫殿则采用颜色混搭。不仅身份分等级，建筑材料也具有等级，皇帝的宫殿以黄色屋瓦铺设，寺庙和王侯将相使用黄绿色、绿灰色或者绿色屋瓦铺设，普通百姓的屋瓦则使用灰色青瓦铺设。

青瓦是由青灰色普通瓦料制成的瓦，通常用于普通百姓家的建筑。民间林屋瓦色彩的层次高于普通居民。例如，苏州园林的建筑，屋顶大多使用青瓦铺设，为了避免青灰色的阴沉感，匠人们在瓦片处用白石粉缅点缀，使其形成灰白相间的丰富层次感，提升建筑的文化底蕴，增强雅致的氛围，与江南水乡和谐统一。普通寺庙的屋瓦的颜色依照地方风情和需求进行建筑。江西平遥双林寺就极具地方特色，用小青瓦铺设屋面，脊上使用黄色和绿色琉璃瓦装饰。

琉璃瓦是贵重的材料，通常是权贵人家在建筑上使用的，颜色比较华丽。在古代，建筑琉璃瓦的颜色使用有一定的规矩和标准，例如，黄色是最高统治者可以使用的颜色，蓝色代表昊天，绿色代表普通百姓。由此，就是琉璃瓦使用的标准，即黄色琉璃瓦用于皇帝的皇宫或者大型寺庙等建筑，绿色琉璃瓦用于将相王侯的建筑。

三、瓦在传统空间中的应用及文化内涵

（一）瓦在传统建筑中的应用及文化内涵

古代建筑数宫殿最具色彩感，其中，故宫最具代表性。故宫是中国宫殿建筑史上的最高成就，建筑工艺精湛，而且造型和颜色精美绝伦。故宫瓦面的铺设大多采用黄色琉璃瓦，呈现庄严高贵和金碧辉煌的氛围。内部的门窗和柱子均采用朱红色，台基是白色，这些颜色的使用提升建筑的巍峨感，使其更加具有庄严感。北京故宫内，上千座大小不等的建筑由于用途不同，琉璃瓦的铺设使用的颜色也不同，不但丰富了故宫的色彩感，还增加了神秘感，提升其人文内涵。

故宫的建筑大部分采用黄色琉璃瓦铺设屋面，作为建筑等级的最高级，黄色琉璃瓦表示建筑使用者的身份的尊贵。外朝大三殿是紫禁城内最大的庭院，是最高等级的建筑，其屋面全部采用黄色琉璃瓦，呈现皇家身份的尊贵和权威。但是，西周时期，已经采用颜色进行等级划分，在当时，国家规定：宫殿等尊贵的建筑其色彩以金、黄、赤为主；将相等官人府邸的建筑色彩主要以绿、青、蓝色为主；普通民居的建筑色彩主要以黑、白、灰为主。并且，在"阴阳五行"内，颜色也有等级划分，由于"土"居中，又表示黄色，因此，

黄色是最尊贵的颜色。

同时，传统文化思想对中国建筑具有深刻的影响。《荀子·礼论》指出：礼有三本。天地者，生之本也；先祖者，类之本也；君师者，治之本也。上事天，下事地，尊先祖，而隆军师。是礼之三本也。由此可知，儒家的思想中，皇帝和人已经有了等级的划分。通常寺庙一般采用黄色、绿灰色或绿色进行建设，例如，故宫的雨花阁，屋面的色彩十分绮丽，借鉴了古寺后建成。雨花阁有三层，一二层以卷棚歇山顶为主建设，铺设黄色琉璃瓦，并且配有黄色的剪边。与此同时，根据其地位在屋顶装饰神兽，在山花处采用金色的花纹进行点缀。第三层是攒尖式屋顶，使用镏金琉璃瓦铺设，配有金色宝盖。而且，屋顶的四条脊上装饰了腾飞的铜质游龙，彰显身份尊贵，提升威严。

青灰色是最低等级的颜色，通常是用在普通居民的建筑中，例如，北京四合院，就采用青瓦铺设。但是不同地域下的青瓦的形态与种类是不同的，如南方居民的建筑大多使用青瓦，也用青瓦来装饰墙体，把青瓦嵌在墙体通透的结构中，加强图案的多变性，而北京居民的建筑多采用筒子瓦。

四川间中居民的建筑较为朴素，与金碧辉煌的宫殿相比，四川间中居民的屋顶建筑采用灰黑色屋瓦铺设，而且，四川间中的传统居民既含有北京四合院的特色，也含有江南居民的古典意蕴，形成品字形、倒插门式的建筑群体，特色显著，风格丰富。而且，灰黑色是带有神秘意蕴的颜色，为四川间中古城增添了神秘之感，使其更加富有古典韵味。安徽徽州古镇，建筑多采用黑色的屋瓦铺设，墙体是灰白色，提升色彩的层次感，增加建筑的古朴和自然之美。随着新材料和科学技术的不断进步，传统建筑材料淡化在人们的视野中。时代发展以来，西方思想冲击着中国的设计，传统理念倡导"人与自然和谐统一"，西方的理念与之相反。正澍"重返当代中国本土建筑学"主张的由此提出，此后，富有传统文化韵味的建筑映入眼帘。

青岛有"万国建筑博物馆"之称，欧式建筑风格的别墅群，闪烁耀眼的红色，随处可见。青岛的红瓦是最具特征的建筑。大部分低层建筑挂着红瓦，但是与德国的灰色不同，不是石头与钢筋相结合的建筑风格。青岛的建筑通过在窗户上增添一些马赛克作为装饰，改善建筑单一的弊端。青岛的建筑运用的不是德国建筑的灰色以及钢筋混凝土的冰冷结构，而是采用中国传统建筑材料红瓦，运用中国传统建筑砖木结构进行建设。青岛的建筑在建设方面，借鉴了欧式建筑的柱子、廊顶、阳台、地板以及窗户等欧式风格，赋予建筑灵魂，因此，在青岛的建筑中，可以看见中西建筑风格的合理融合。

（二）瓦在传统园林中的应用及文化内涵

受不同的地理环境、地域文化的影响，会使建设完成的园林出现不同之处。园林有皇家园林和私家园林之分。中国汉代的制度比较封建，因此，有严格的等级制度。黄色是所有色彩中最尊贵的颜色，被用于宫殿以及皇家园林等皇室建筑。

乾隆花园，其屋顶的设计丰富多彩，处处表现着精湛的工艺。皇家园林的占地面积较小，这使匠人在建造的时候着重屋顶的装饰设计，在屋顶铺设黄色琉璃瓦，这样可以使屋顶的色彩感增强，突出屋顶设计的层次感，展现出皇家园林的奢华、尊贵。

就碧螺亭的设计而言，是乾隆花园中比较有特色的建筑。碧螺亭整体呈五瓣梅花形，建造工艺高超，且造型独特。碧螺亭的屋顶采用五脊重檐攒尖顶的设计，在上层的屋面铺设翡翠绿色琉璃瓦，在下层的屋面铺设孔雀蓝琉璃瓦，并在上下两层都以紫金色琉璃瓦点缀，突出色彩的搭配感，提升视觉效果，与皇家园林的奢华、尊贵相统一。在乾隆花园的设计中，屋顶的设计感丰富，彰显精湛的建设技术。颜色亮丽的瓦可以营造建筑的层次感，因此，应用在小面积的园林中，可以提升园林中建筑的视觉效果，起到装饰作用。

与皇家园林相比，南方的园林也是在有限的空间内合理地设计，以此更好地提升园林的雅致氛围。其中，苏州古典园林最具代表性，是文人、匠人、画家思想精华的集合，巧妙地将园林应用借景、框景以及图案纹饰等合理结合，营造出虚实结合的意境美。瓦既是屋顶的覆盖物，也是墙体的装饰。在园林的墙上，可以看见瓦的装饰，由板瓦与筒瓦堆砌而成的瓦花格，使园林的设计更具灵动性，还能减少墙体设计的成本。这种方法也有一定的局限性，受瓦的规模和墙体的稳固性的影响无法设计出丰富的图案纹饰。在苏州传统民居的院落中，瓦花格的设计被普遍应用。在扬州地区，瓦花格的图案纹饰较多，分为绣球纹、水纹、蓝花纹等。在园林中，漏窗的图案形式呈现的是当时的社会文化生活，借助图案纹饰的变换表达人们的憧憬，多以幸福、宁静、舒适的生活为主。

第二节　瓦的美学原理及其在室内设计中的文化共性

一、瓦的美学原理

（一）瓦的美学观念

在一些建筑上，可以通过建筑中的色彩、材质、形状、屋脊、脊兽装饰等，判断出建筑所处的时代，以及建筑主人的权势地位。

屋顶的结构主要有四种类型，就等级方面来看，分别是殿堂、厅堂、余屋、亭榭。由于屋顶结构也用于区分建筑主人的权势地位，因此，建筑的工艺、规模和结构都会呈现不同之处。大式瓦作的制作手法区别于小式瓦作，制作完成的瓦也具有等级之分，瓦的规格、构造都是依照瓦的等级进行制作，不同等级的瓦在应用上有不同的规则，例如，普通居民的住宅，用于屋顶铺设的瓦应当选用简单的、朴素的，不能使用皇室建筑中应用的琉璃瓦等。屋顶的建筑可以用于区分等级，因此，有重檐庑殿、庑殿、歇山、攒尖、悬山、硬山顶之分。尊贵的建筑通常应用黄色的琉璃瓦铺设，屋身采用红色装饰，屋檐下应用金、蓝、绿等颜色的装饰物，台基采用白色，这样的设计可以增强建筑的层次感、厚重感以及威严感。

瓦用于铺设屋顶，有遮风避雨的作用。不同样式、色彩的瓦呈现的是不同的等级。瓦的应用需要与建筑主人的权势、地位相匹配，由此，可以看出瓦具有象征意义。中国的古建筑大多以黄色和红色为主，黄色可以彰显皇室的权力，红色可以彰显帝王统治。这也说明，身份尊贵者的建筑都讲究色彩的应用和搭配，以此凸显建筑的华丽感，彰显身份和地位。

瓦丰富的样式使其具有装饰性。瓦是一种建筑构件，为了提升瓦的种类和样式，古人会在瓦上刻画不同的纹饰和图案，以此增强瓦的装饰性。文字瓦当大多数记录的是古人的日常生活，因此，具有深厚的历史内涵，是历史故事的载体。西周、战国时期的瓦当，以素面半圆形的较多，此时是瓦当的初始时期。到了秦汉，秦人以狩猎为生，这一生活特性使瓦当的纹样被拓展，兽纹瓦当由此产生。随着时代的发展，瓦当上的图案已经不能满足人们对生活的记录，经过研究，人们发明了文字瓦当。文字瓦当可以使事件、吉语等被更好地记录，促进了瓦当的鼎盛发展。到了魏晋南北朝时期，文字瓦当与图案瓦当都淡出了人们的视野。

（二）室内设计的美学原理

室内设计要注重美学原理，即室内设计需要在美学基础上，进行空间设计和应用装饰物。室内设计与画画不同，室内设计需要设计师借助外来因素共同促成一件室内设计作品，即施工人员、施工材料等各项外力的辅助。

设计师在进行室内设计时，需要了解室内设计的美学原理，包括分配、造型设计、色彩应用、光线处理、材质选择等，这些都是室内设计中的重要部分。设计师需要对这些重要部分进行合理的应用，使整体的室内空间更加和谐统一。就室内设计而言，室内空间的和谐美是创造美的基础。室内设计不仅对室内家具有一定的要求，还需要设计师对空间、色彩、灯光进行合理的设计，把不同种类的设计元素合理结合，打造内涵丰富、和谐统一的室内空间。就室内空间的和谐性而言，设计师可以应用比例与尺寸打造和谐的室内空间，例如，黄金分割比，可以提升室内空间的整体效果，更好地使物体与整体相融合。此外，室内空间装饰品的摆放等，都可以应用黄金分割打造具有秩序感、和谐感的室内空间。

在室内装饰中，应用音乐韵律装饰室内空间，可以使静态的室内空间具有动感。设计师通过合理的应用装饰物、色彩、灯光等打造韵律感，营造具有动态美的室内空间。韵律感是音乐的重要组成部分，可以使人的精神得到满足，设计师在室内空间应用韵律感，可以提升人的视觉感，满足人的精神需求。室内空间的韵律感主要以重复性产生，例如，相同装饰物的交错重复、不同装饰物的等距重复、色彩的交叉重复、物象的相似、距离的规律变化等，都是营造室内空间韵律感的方式。

　　通常，设计师还喜欢应用强调原理增强室内空间的韵律，提升室内空间的动态美感，有效地避免平淡、单调的室内环境给人的沉闷感。对此，设计师会应用独特的装饰物装饰室内空间，还会应用亮丽的颜色、诡异的灯光、创意的摆设等方式强调室内装饰，从而增强室内环境的美感。

　　在室内设计中，均衡原理与统一原理相似，都能给观赏者和谐的视觉美感。设计师通常把这种原理应用在室内空间中，促进室内空间的和谐性和舒适感。就室内设而言，设计元素丰富，不同的元素的用途、应用方式和重量感都是不同的，因此，需要设计师掌握好元素的重量感，做好重量分配，使元素与室内环境合理结合，维持室内环境的和谐统一，在均衡原理下打造具有视觉美感的室内空间。

　　室内设计中的均衡分为对称均衡和非对称均衡。对称均衡是指四周的物象大小、比例都以中心呈现对称，这种对称均衡原则可以使室内空间呈现有序、严肃、清晰的氛围。非对称均衡是指单个构图形式中物象的大小、比例不完全相同，在室内空间中呈现相似的重量感，以此打造具有均衡的视觉感的室内空间。设计师通常会应用非对称均衡原则打造室内空间的动态美感，使室内空间富有变换且不拘一格。

　　室内环境的和谐性，是指造型、色彩等各种设计元素组合上的和谐统一。色彩的和谐性，是指室内家具和装饰物的色彩相互关联，且色调和谐；造型和谐性，指的是同一个室内空间中的设计风格是统一的。例如，中式风格的室内空间，空间内的装饰和家具都要应用中式风格或者类似中式风格的物件，为了呈现室内设计风格的和谐统一，室内空间不能出现第二种设计风格，古典、现代室内设计风格等都属于第二种设计风格。室内环境的和谐统一可以减少视觉的负面冲击感，促进室内空间的和谐性、舒适性。

　　应用在室内空间的材质也要与室内设计的风格保持和谐，即同一个空间内的家具、装饰物的材质是相似或者相同的。材质的和谐可以使室内空间更具柔和性。例如，室内空间采用不锈钢的椅子做家具，并与具有古典意蕴的餐桌相结合，这样的组合不仅会使室内空间的和谐性失调，还会使室内空间的整体风格被打乱。

二、瓦与室内空间设计的文化共性

（一）瓦与室内空间设计的民族文化共性

瓦当艺术具有极强的民族意蕴，是传统文化元素中的艺术元素。瓦当图案的样式和种类非常丰富，所蕴含的文化底蕴深厚。例如，四神纹瓦当和龙纹瓦当等。瓦当图案都具有中国传统纹饰的特征，其中的龙纹就蕴含着深厚的民族特征。龙是中华民族独有的图腾，也是中国传统文化的传承纽带。具有龙纹的瓦当，是传承中国传统文化的载体，唤醒中国人民心中的民族性。不同时代的瓦当承载着不同的文化内涵和民族特征。例如，云纹瓦当，这种瓦当的结构和纹饰都呈现着深厚的历史底蕴。中国的民族众多、民风多样，不同的地域有不同的民风和瓦当图案，这些特性都是不同地域下的民族特征的体现。西藏的瓦当图案丰富多彩，其中卷云图案的瓦当与中国战国时期的瓦当图案相似。伎乐天女、宝塔等浮雕瓦当，也都蕴含着深厚的藏域特征，这些栩栩如生的浮雕形象展现出了深厚的历史底蕴。"燃灯天女"是藏域风格的代表，是夏鲁瓦当的代表，夏鲁的"燃灯天女"瓦当不常出现在人们的日常生活中，手持陶制酥油灯的天女图案也难被人们见到，天女图案的设计呈现了当地工匠们独特的审美。瓦当艺术是民族艺术传承与传播的载体。总而言之，只有具备民族性地方特色的瓦当才能激发人民内心深处的亲切感，即瓦当含有的民族性使其更具艺术特色，深受人们的青睐。

（二）瓦与室内空间设计的地域文化共性

瓦当的性质使其经常被应用在建筑物中的明显位置。瓦当含有的文化底蕴深厚，可以通过文字或图案表达出瓦当设计师的审美观念。不同地域的瓦当，表现出的民族特征、文字、图案是不同的，极具地域性。例如，先秦时期，由于人们的认知水平较低，对事物的认知还处于较为原始的状态，因此，人们敬畏自然，这个时期的瓦当图案主要是图腾，具有神秘的意蕴。西汉时期，人们生活在战争中，导致人们精力匮乏，随着战争的暂停，人们的生活逐渐恢复了往常的美好，加大农业生产使人们过上了幸福的生活，人们开始牧马，并把马元素应用在瓦当图案中。双马瓦当描绘的是人们骑马狩猎、追逐的场景，充分体现了人们和谐、富足的生活。战国时期，由于鹿与人类的生活紧密相关，并起到重要的影响，因此，鹿元素被应用在瓦当图案中，这些瓦当描绘的是人们对农作物丰收的喜悦，以及与鹿和谐相处的美景。汉朝时期，权贵者喜欢饲养、狩猎鹿，且鹿有"福禄"的寓意，因此，鹿元素被应用在瓦当图案中，表现出人们对吉祥如意的生活的憧憬。汉朝时期，瓦当呈现对称均衡性，大部分瓦当的当面都有蜻蜓等纹样，表现出了此时期的农业发展比较兴旺。古人喜欢鹤，并常在瓦当图案中融入"仙鹤"元素，体现了人们希望能长寿的愿望。仙鹤图案应用在瓦当中，常与云纹结合，云纹可以体现仙鹤腾云而飞的生动场景，以此表达人们对长命百岁、延年益寿的祈愿。此时期的农产业比较兴旺，由于水和农产业的关联紧密，因此，人们常应用鱼表达对农业一直兴旺发展的憧憬，对大丰收和风调雨顺的祈愿。此外，由于"鱼"与"余"同音，因此，人们经常应用鱼纹表达对年年有余的祝愿之情。

瓦当的图案，体现的是该瓦当所处的社会的文化背景。瓦当是文化的载体，具有极强的地域性特征。把具有不同的地域特色的瓦当合理地融入现代室内设计中，能够使现代室内设计具有深厚的文化底蕴。瓦独特的地域符号是人们分析、观赏地域文化的重要元素。

（三）传统哲学观下瓦与室内空间设计的文化共性

从瓦当的图案就可以看出瓦当所处社会的伦理观念，即人与人之间的关系。例如，等级关系、交往关系等，以此帮助领导者更好地治理国家，维护人与人之间的交往秩序。西汉盛行"文景之治"，该制度促进了商业的发展，大大提升了经济水平，建筑也被建造的十分华丽。西汉未央宫、长乐宫等建筑，都是以周王朝等古代风格为主，彰显宫殿磅礴气势。

瓦当经常被应用在大型建筑上，这些建筑不同于普通百姓的建筑，因此，必须由技艺精湛的匠人建设，不仅要突出建筑的风格，还要赋予建筑文化底蕴，这样才能彰显帝王的磅礴气势和尊贵身份，传达出深厚的伦理观念。当时的瓦当不只应用在建筑构件、建筑装饰物方面，也用于呈现上层的社会意识，是上等阶层传播社会伦理、弘扬政治业绩的重要载体。

（四）自然生态观下瓦与室内空间设计的文化共性

瓦当的内涵以自然观念为主。例如，瓦当中的齐瓦当就极具代表性，主要以树木用作母题纹样，当面中央应用不发生变化的装饰，左右两侧应用其他纹样，以此组成不同的画面。

瓦当中的"四神"瓦当最具艺术成就，蕴含着自然生态观。古代的自然观分为方位、季节两个方面。首先，方位上人们根据顺时针顺序排列，依次是青龙、朱雀、白虎、玄武四种神兽，分别镇守在中国东、南、西、北的四角。其次，季节上人们认为青龙代表春季、朱雀代表夏季、白虎代表秋季、玄武代表冬季，按照顺时针顺序排列四神兽依次代表春、夏、秋、冬四个季节。最后，自然观上，"四神"瓦当呈现的是人们顺应自然以及与自然和谐相处的思想观念。

第三节　建筑元素瓦文化在室内设计教学中的应用和方法

一、瓦在当下室内空间中的应用

（一）瓦库茶艺馆

1. 美学特征

（1）材料的自然美

瓦属于陶制品、瓷制品，与水火土等自然元素的关系极为密切。在烧制之前，瓦的主要原材料来源于自然生活，因此，具有丰富的自然之美。除此之外，在烧制的过程中，火被应用于固定瓦的形态，是最自然、纯粹的制作方式，这种方式使瓦在烧制的过程中保留了原有的自然之美，应用在建筑中能够使建筑保留原有的内涵和面貌。在环境设计中，瓦的自然之貌能够融合室内构件，提升室内空间的亲切感、温暖感。瓦源于自然，是一种自然的建筑构件，所具有的内涵更是内与外的和谐统一，这种协调感正是瓦的自然之美与质朴之美的源头。

（2）色彩和质感的自然美

陶砖和瓦的色彩、质感都具有自然之美。经过大自然的打磨，瓦的色调、质感都比较温和、有层次，能够给人细腻、柔软的视觉感受。与此同时，质地粗糙的瓦还具有一种大自然的淳朴、灵气之感。不仅如此，经过风吹雨淋后的瓦，更是具备淡泊、宁静的意蕴，能够安抚人浮躁的内心，以此满足人的精神需求。例如，"瓦库"茶艺馆，其借助这一特性，在室内空间中应用旧砖、旧瓦，以此呈现建筑的自然之美。

2. 重塑形式

（1）借鉴传统形式

"瓦库"茶艺馆在应用瓦艺术的时候，最大限度地保留了瓦的传统特色，再结合时代特征和茶馆的需求，赋予茶艺馆新的文化意蕴。例如，茶艺馆中的挂瓦墙，借鉴传统"铺挂瓦"的手法创作出"仰瓦"的屋面，过程中要将瓦的斜面转换成直面铺设，这样能够增强人的视觉感。"瓦库"茶艺馆的室内设计，是在当代特色的基础上提升室内设计的功能、技术和质地。

（2）转变功能

起初，瓦是建筑屋顶的构件。在现代，在"瓦库"茶艺馆中，瓦是装饰室内墙体的建筑构件，这使瓦的应用范围被拓宽，由功能转向装饰，即由遮风避雨转为墙体装饰。瓦具有装饰功能，应用瓦的"凹槽"制成流水墙面，能够使水顺流直下，给人一种潺潺流水的视觉感，起到装饰室内环境的作用，使室内空间具有了新的活力。潺潺的流水声和别具一格的功能设置提升了整个室内空间的灵动性，营造生机勃勃的室内空间氛围。除此之外，挂瓦墙能够阻挡光污染和隔绝噪声。随着技术、工艺的转变、提升，时代与科技的不断发展，使现代材料与技术不断更新换代，实用性能也大幅提升。新型材料和工艺能够填补传统材料的不足，从而提升传统艺术的实用性，促进传统艺术与室内环境设计更好地结合。新、旧材料和技术的融合应用，应当先找到两者的契合点，在不破坏现代室内格局的基础上，最大化地呈现传统文化的特色。例如，"瓦库"茶艺馆中的挂瓦墙，瓦被打孔后，用钉子将其固定在墙上，每悬挂下一片瓦时都会盖住上一片瓦的孔眼，以此提升美观性。在悬挂瓦的过程中，应用的是打孔等技术和钢钉等新材料，合理应用能够促进挂瓦墙与现代室内空间的和谐统一，传承传统文化之美。

（3）改变色彩与质感

"瓦库"茶艺馆的室内空间应用瓦进行装饰，这些瓦大部分都是从民间收集来的旧砖、旧瓦。这些瓦历经风吹日晒已经富含自然的意蕴，极具沧桑、温和的质感，应用在室内能够营造出雅致、淡薄的室内空间，烘托茶艺馆的自然之美。"瓦库"茶艺馆的设计，应用了暖光源的射光灯，射灯照射在这些瓦片上能够使瓦片产生不同的色彩，使室内空间具有温暖的氛围，最大化呈现自然之色。室外的挂瓦墙应用刷水性漆的手法，增强了瓦在光线下的色彩的变换。

（4）应用叠瓦墙

"瓦库"茶艺馆的设计中含有叠瓦墙。与挂瓦墙相比，叠瓦墙只展示侧面，因此，无法清晰地呈现瓦的自然色彩与质感。叠瓦墙的孔隙能够给人一种"虚实相对"的朦胧感，这是其具有的独特魅力。设计师在应用传统"叠瓦墙"工艺进行设计时，创造出了新的呈现形式，提升了叠瓦墙的设计感，增强了视觉冲击力。叠瓦墙是瓦的透空集成，具有区分空间和增强透光性的作用。设计师在设计过程中，改变相应的形式，把瓦与水泥、陶砖等材料相结合，以此增强叠瓦墙的优势与特点，提升视觉感、透视度。以下是叠瓦改造前与改造后的详细说明。

改造前的叠瓦墙是在传统工艺下建设而成的普通叠瓦墙，是将仰瓦朝上后把上面一层相邻的瓦的连接处放置在朝上的仰瓦的最高点，借助彼此的作用力形成叠瓦墙，瓦与瓦之间没有借助其他材料进行拼接，因此，稳定性差。在"瓦库"茶艺馆最初设计的时候，应用的建设方式就是普通的叠瓦墙，主要是进行空间分区，而且光影效果较差。

受"瓦库"茶艺馆的影响，设计师开始追求叠瓦墙功能的最大化应用，在与水泥、砂浆、陶砖等当下建筑材料合理结合下升级叠瓦墙，以应用厚度小、有凹槽（用水泥加固过）、具有装饰性质的陶砖（丁砖）为主。设计师在设计中，会在相邻瓦的结合处会增加一块陶砖，使两个相邻的瓦结合，成为下一层的瓦的弧线的制高点，没有用任何材料固定，因此，设计师在这个结合处新增了一块陶砖，应用水泥黏合，以此提升叠瓦墙的稳定性。与普通的叠瓦墙相比，这种叠瓦墙的工艺复杂，赋予墙面灵动性。这种类型的叠瓦墙，制造工艺漫长，是通过实践演变而来。以前的上下层瓦之间没有任何材料充当连接体，因此，设计师在提升叠瓦墙的稳定性和功能性的基础上，把上下层瓦应用灰色的水泥相连接，其中，丁砖不做处理。丁砖的反面有一个"凹槽"，能够提升瓦的咬合效果，使瓦片间的黏性更强，同时长方形的砖与弧形的瓦能够给人更强的视觉冲击感。砖的颜色与瓦的颜色相似，两者能够在色彩上达到统一，避免叠瓦墙视觉上的突兀感。设计师在提升视觉冲击感和色彩呈现的基础上，将叠瓦墙中间的连接点换成白色，把用于瓦片与丁砖黏结的水泥泥浆加厚，与砖的厚度相统一，把出现在人们视野交接处的颜色全部换成白色，这样做能够增强叠瓦墙的视觉冲击感。设计师在加强叠瓦墙对比度的基础上，应用和谐的色彩同时把水泥泥浆也换成白色。

此外，这种类型的叠瓦墙应用的新型材料的质地与瓦相似，在质地方面保留了统一性。设计师应用水泥、乳胶漆等新型材料提升叠瓦墙的装饰效果，丰富叠瓦强的色彩层次，给人更强的视觉冲击感。"瓦库"茶艺馆的设计师在应用时遵循整体意识，保证新型材料实用性的最大化，突出瓦的古典之美，通过弱化水泥等新型材料的僵硬感与冷峻感，使融合效果更好地呈现。

（5）瓦的其他应用形式

瓦在"瓦库"茶艺馆中的应用丰富。例如，把瓦用作签名簿，或者把瓦用作画画、作诗的媒介，还可以把瓦用作装饰品提升室内空间的古典意蕴，此外，还可以把瓦用作门牌，以此增强室内空间的和谐性。在瓦的这些应用形式中，其功能发生变化，同时被赋予了新的文化意蕴。

3. 瓦的再利用在空间处理中的不同形式

（1）起到分隔室内空间的作用

应用不同的遮挡材料能够很好地区分室内空间，瓦正是这种遮挡材料中的一种。在"瓦库"茶艺馆中，设计师把瓦以不同的方式加工再应用，从而划分室内空间。

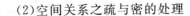

（2）空间关系之疏与密的处理

室内空间疏与密的合理设计能够提升室内空间的通透感。在"瓦库"茶艺馆中，设计师应用瓦对空间进行紧密与疏松的设计，使室内空间形成围合与透空的关系。包间是私密性高的场所，因此，对空间围合和透空技术的要求更高。不能使围合过密，避免透空太小导致包间沉闷、阴暗，也不能使围合过大，避免透空性太强导致空间私密性降低。"瓦库"茶艺馆中的包间在设计时，设计师在原有开窗的基础上，使室内、室外的景观合理结合，以此从视觉上延伸室内空间，并把光线引入包间，提升包间内的明亮度，同时减少灯泡照明产生的能源消耗。为防止人们直接通过开窗看到包间内的情景，设计师在设计时应用"叠瓦墙"的方式，将叠瓦墙以高于常人视线高度下在落地窗外侧堆砌瓦墙，保证了包间私密性、明亮度、通透性，更好地把空间隔离。除夕之外，叠瓦墙的设计能产生很好的光影效果，促进窗内、外的景色相互辉映，以此提升人的视觉感受。在"瓦库"茶艺馆中，叠瓦墙被普遍应用，在实现空间围合的基础上加强了室内的透空性。

（3）空间的分割的具体方式

"瓦库"茶艺馆中陶砖和瓦在重塑的过程中，把空间进行分区，提高了空间的实用性和美感，使室内空间更具和谐统一的特征。与此同时，在空间分割处理中，设计师把陶砖与瓦的装饰成效最大化，赋予室内空间艺术、人文之美。以"瓦库"茶艺馆6号大厅为例，设计师应用挂瓦墙与叠瓦墙把该区域分割成多个小空间，在确保空间私密性的基础上，最大化地增强材料的装饰作用。首先，设计师在大厅入口处添加挂瓦墙，应用流水景观营造一种宁静雅致的室内氛围，以此赋予室内空间灵动性。此外，在挂瓦墙的中间添加镂空，使人们透过镂空观看外面的景观，以此延伸室内空间。其次，在地台处，设计师应用红色的挂瓦墙营造一种亲切、温暖的氛围感，同时挂瓦墙与整体的室内空间合理结合，使散座、大厅区域更好地被分割，提升了室内空间的私密性，还能避免影响他人。在大厅的转角处，设计师在原本的空间结构上应用了弧形叠瓦墙，以红色为主的叠瓦墙提升了空间和造型上的统一性，弧形的设计在保持原有的空间结构的基础上具有了动态美，同时实现人流分流。该叠瓦墙的镂空部分可以最大化地延伸室内空间，开阔人的视野。在公共区域中，设计师应用叠瓦墙进行空间分割和人流分流，促进了整体空间的和谐统一，增强空间引导与暗示的作用。"瓦库"茶艺馆 8 号厅的入口处，楼梯被叠瓦墙合理地隐藏在后面，使大厅空间被更好地分割，墙体的镂空能够传达给到访者有内部空间。该楼梯间是由叠瓦墙与砖柱结合建设，叠瓦墙与流水景观合理融合使人轻易能注意到墙后的楼梯，以此实现人流分流。此处叠瓦墙的应用发挥了引导与暗示的作用，更好地分割了室内空间，提升空间在视觉上的延伸效果。在"瓦库"茶艺馆中，瓦也被用作门牌，以此提升其引导作用。

除以上三种外，陶砖与瓦的再利用对空间处理的形式还体现在其他方面。例如，在"瓦库"茶艺馆中，6 号大厅红色叠瓦墙的反复使用，使空间更具视觉冲击感，加强内部空间的节奏感。人对于空间的感受是在运动过程中慢慢积累而成的。设计师应用瓦等艺术形式对空间进行设计，使人们在静态、动态的过程中都能享受到空间带来的视觉愉悦，从而使人们对室内空间产生好的印象。

4. 瓦促进人的情感共鸣

瓦是属于传统的建筑构件，且具有浓厚的历史内涵和人文气息。瓦在发展过程中，积累了大量的历史故事和人文内涵。对此，"瓦库"茶艺馆通过对旧砖、旧瓦的合理应用，赋予空间故事性与人文性，除去人与空间的距离感，令人产生美好的记忆。因此，瓦不只是一种具有人文情怀的建筑材料，更是人们将过去与现在连接起来的桥梁。

现如今，城市化不断发展，传统的建筑材料瓦可以说是城市中生活的人们触及不到的存在。因此，将室内空间与瓦的设计元素合理结合，能够营造出宁静、淡泊的室内氛围，满足人们的精神需求。在"瓦库"茶艺馆中，其属于一个商业的公共空间，依靠消费者产生经济来源，因此，满足消费者的物质和精神的需求就尤为重要。当消费者进入"瓦库"茶艺馆时，放眼望去室内悬挂着多种多样的瓦片，这时会引起消费者的情感共鸣，拉近消费者和室内空间的联系。一些人对"瓦"并不熟悉，主要是"瓦"在城市中极为少见的原因，正因如此，这种由瓦进行大面积装饰的室内空间可以引出这部分人的好奇心，满足人们的猎奇欲、求知欲。在商业空间内融入自然美的"瓦"元素，无论是哪一种类型的人都能得到精神的满足。"瓦"有着深厚的历史底蕴，在质感、色彩方面都极为温和，能够满足来访者的精神需求，放松人的精神和身体，营造一种回归自然的空间氛围。除此之外，现代社会，人们的物质生活已经得到基本满足，更多的是对精神满足的追求，对传统文化的探索能够满足人们的精神需求，是源于对过去的记忆。因此，"瓦"是传统文化的载体，更是人类记忆最本质的核心，能够使人获得精神享受。

二、瓦在当下家居中的应用

社会不断发展促使人们的需求增多。在这种趋势下，人们对室内空间设计的要求也逐渐提高，一些开始追求形式方面的简洁性、内容方面的独特性。由此，人们逐渐忽视传统元素的存在以及对室内设计的装饰作用。例如，设计师在现代家居设计中极少对墙面进行传统化设计，经常是应用现代科技进行装饰，营造一种现代极简风格，还有一些设计师即使对陶瓷等室内陈设品进行了传统化处理，但是也忽视了其在空间方面的应用。

除此之外，在现代室内设计中融入传统元素已是当前室内设计的大势所趋。"瓦"就是独树一帜的传统元素，势必将为室内设计注入新的活力。例如，瓦作为靠椅时具有美观性也有实用性，把瓦当纹样与现代家居融合，呈现瓦当图纹的内涵，营造一种古典高雅的室内氛围，以此烘托居住者的审美观念和文化内涵。不同的瓦当图案的寓意不同，既有装饰作用又能营造一种人文气息的室内空间。例如，鱼纹，古人把鱼与水相关联，寓意是风调雨顺、丰收，且"鱼"与"余"同音，因此，也寓意"年年有余"。将鱼纹瓦当放在家居之中，能够装饰室内空间，还能够呈现居住者对丰收、平安、富贵的祈愿。再如，瓦当架，将"瓦"元素与传统木材结合，营造出一种古朴、自然的室内氛围，使室内空间更加舒适、自在。瓦当茶壶是瓦当的人文内涵与茶壶的功能性的结合体。瓦当工艺扇是传统文化与瓦当的结合体，具有人文、淳朴、淡雅之感，衬托出使用者的高雅、尊贵。总而言之，工艺品与瓦当图案的结合能够提升实用性，同时赋予新工艺品传统文化内涵和高雅情调，应用在室内设计中，能够增加室内空间的人文气息。

第四节　建筑元素瓦文化在未来室内设计中的发展

一、瓦在室内空间设计中的应用探索

（一）瓦之功能演变

起初，瓦被用于铺设坡状的大屋顶，后来，时代不断进步，人们的审美随之不断提升，出现了别墅屋顶等艺术性强的屋顶设计，这些新式的设计更符合现代人的审美观念，由此，瓦的用途逐渐产生了变化。就现代瓦而言，造型、颜色都更丰富，经常被设计师应用在环境设计中。现在的瓦既有实用性又有装饰性，在瓦的外观、材质等各方面决定瓦的用途，应用在建筑或者室内空间中，能够增强人文气息与别致感。就室内空间设计提出以下几种设计方案。

1. 形状

在现代室内设计中，设计师经常应用筒瓦与板瓦，将板瓦、筒瓦在原有形状的基础上重复排列，并应用在墙体结构中，或者利用板瓦、筒瓦原有的弧度打造韵律感，提升室内环境的氛围，打造富有动态变化的室内空间。通常板瓦被用于装饰，是建筑中的装饰构件，设计师应用横竖交叉的方式提升装饰构件的造型感，打造具有传统、古朴意蕴的建筑。筒瓦也具有装饰性，也可以被应用在建筑中当作装饰构件，设计师会应用鱼鳞排布的方式或者借助仰合瓦，把筒瓦有序地排列、组合，打造具有独特意蕴的室内空间，增强室内空间的动态感和创新性。

2. 色彩

瓦的颜色丰富多样，适当地应用能够呈现其文化韵味。红瓦和青瓦应用在室内空间，能够使室内空间具有一种古朴的艺术氛围。相比于黄瓦，红瓦与青瓦可以表现出历史性的厚重感与宁静感。红色的瓦具有温馨、大气之感，

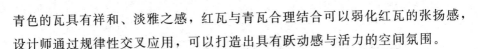

青色的瓦具有祥和、淡雅之感，红瓦与青瓦合理结合可以弱化红瓦的张扬感，设计师通过规律性交叉应用，可以打造出具有跃动感与活力的空间氛围。

3. 材质

瓦有陶制瓦和瓷制瓦之分。设计师可以根据瓦的材质对其进行应用，不同材质的瓦经过交互应用可以呈现肌理重复、碰撞的视觉感，对墙体具有装饰作用。设计师将瓦、砖、石块等材料交叉应用，可以呈现立体效果，提升视觉感。例如，明清时期的"瓦月墙"技术，工匠们将残砖碎瓦进行拼接、组合，然后搭建成墙体，既美观又实用。

4. 混合技术设计

在瓦装饰技术的基础上结合现代材料，使传统与现代相互碰撞，从而突出瓦的装饰效果。例如，玻璃、塑料管等现代材料，能与瓦组合成墙体结构，使室内设计更具创造力和历史内涵。

（二）瓦之价值

1. 审美价值

瓦片的形状丰富，设计师通常把瓦片与砖、石块等材料结合使用，打造具有造型感的墙体。通过层叠手法也可以使瓦具有装饰性，与浮雕相比，瓦的纹样也具有肌理，可以装饰平整的墙面，打造具有淳朴感、自然感、历史感和韵律感的室内空间。例如，"水岸元年"的设计，利用砖瓦层层堆叠，增强墙面的艺术感，从而提升室内空间的整体氛围。

2. 实用价值

瓦当有着丰富的图案纹样，与砖瓦、石块合理结合能够起到装饰墙面的作用。例如，设计师将瓦的纹饰图案、砖瓦的肌理有效组合，从而增强瓦的装饰性。在室内设计中，设计师会通过将砖瓦叠加达到划分室内空间的目的，可以使室内空间得到最大化应用。设计师在进行地面设计时，利用瓦当的图案、色彩、材质的特征，将瓦有规律地拼接，以此起到划分室内空间的作用，既有装饰性又有实用性。在"青花食府"的设计中，设计师通过将青瓦以层叠的形式设计，并与青花瓷合理结合，从而打造具有独特意蕴的酒柜，此外，设计师还在木构架的围合处应用瓦搭建墙体，打造具有穿越感的特殊视觉感。

在"水岸元年"的设计中，设计师将瓦当图案记性拼接组合，从而装饰地面，打破灰色地面给人的沉闷感，利用装饰的独特性充分发挥"人流导向"作用。

3. 文化价值

瓦有着上千年的历史，蕴藏着极高的欣赏性和历史文化底蕴，富含吉祥的寓意。因此，被人们青睐。瓦的外在形式呈现了瓦深刻的文化内涵。学者司徒虹曾经也表明，中国人文及哲学观，主要是通过科学合理及想象力两个方面呈现。其中，科学合理即古人对自然规律的探索和总结，想象力即人们对自然物象的追求所演化而成的祈愿。因此，传统建筑元素"瓦"在当下环境艺术设计中的文化价值是不可替代的。以"四神"瓦当为例，经常应用在寺庙、宫殿等建筑上，四大神兽仪表威严、姿态大气，应用在建筑中具有吉祥的寓意。

二、瓦在室内空间设计中的发展探索

（一）瓦之生态美

中国的自然生态观在五千年前的历史长河中就已铸就而成。例如，古时的"人与自然和谐统一"的自然观、"仁民而爱物"的生态观、"功在当代，利在千秋"的可持续发展观等，都是倡导由"改造自然"向"回归自然"转变。生态审美观是在自然生态的基础上形成的自然意识，是人们对自然的看法以及与自然和谐相处之道的领悟。生态审美以人的生态过程、生态环境为审美基础，使审美以自然为基础形成。瓦是一种传统艺术，是传承历史的载体，其图案纹饰都源于自然，与绿色发展的理念相符合。因此，室内设计要重视生态之美，与自然顺应，在瓦的创新重组上呈现室内的生态美。瓦的设计、应用是一种回归自然、顺应自然的理念。

（二）瓦之古今融合

1. 元素融合

设计师进行室内设计时，提取独特的传统元素，营造出回归自然、追寻历史的朦胧意境。例如，缩放、重组、重复、变形等手法，与当下的设计方式结合，从而创造出返璞归真、回归传统的室内氛围，呈现人们对历史的尊重，以及对传统文化的弘扬。

目前，现代环境设计经常应用自然元素烘托室内氛围，再融入设计师的设计观念，营造出大气磅礴、淳朴自然的室内意境，促进现代设计理念与传统文化底蕴的合理结合。

2. 瓦与可持续发展

一些建筑的景观设计，也应用瓦作为建筑构件。以江南园林为例，瓦用作建筑符号，经常应用夸张的手法创造出风格独特的造型，与窗花、文竹以及自然光线合理结合，营造出宁静、祥和的室内氛围。设计师在进行园林设计时，经常应用瓦的拼贴实现空间的转换，在不浪费天然石材的情况下营造出移步换景的室内意境。再以"瓦月墙"为例，设计师通过对残砖破瓦等废料的收集再应用装饰墙体，呈现着设计师因地制宜、废物利用的绿色设计理念。瓦是一种传统的建筑符号，只要合理地应用就能实现生态环境的平衡发展，同时促进人与自然和谐相处。

（三）瓦在当下室内空间设计中的传承与创新

改革开放使中国的环境设计受到西方设计思想的影响。因此，呈现中国独有的设计特色就显得尤为重要。中国要重视传统文化的传承和弘扬，把传统文化应用在建筑中促进传统文化的发展，在自然学、人文学、景观学的基础上提升自身的知识基础，实现对建筑设计理念的重塑。不仅如此，当下的室内设计要发挥空间的功能性，创造出具有艺术人文价值的室内空间。对此，可以通过在室内设计中应用本土文化特色实现艺术与工艺的合理结合，创造出具有中国民族特色的室内空间。

中国传统美学重视"整体意识"，即世界是一个相对稳定的整体，且遵循同一项法则共同前进。因此，古代的人在进行创作时会重视"整体意识"，即将天地、人、艺术等各个因素都看成一个整体，同时赋予这个整体以情入景、以形写意，实现艺术创造。

传统文化与当下设计理念的合理结合，是在"整体意识"的基础上进行的，即在进行室内设计时，要遵从室内空间的应用观念、时代发展观、居住者的偏好等，以这些方面进行综合考虑，从而设计出合适的空间造型、装饰物件等。在传统文化与现代设计理念的合理结合下，找到古与今的契合点，实现室内空间设计。以下是其具体做法。

1. 瓦与新材料、新技术的融合

新材料应用是指木材、石材等现代材料的合理应用。设计师把木材、青砖等材料与瓦当的合理结合，使古与今的交汇融合，呈现室内空间的设计之美。时代的快速发展，使科技日益增强，因此，寻找古与今的契合点也较为方便。例如，以新科技与传统文化合理结合，赋予设计作品新的生命力，在保留传统特色的基础上呈现现代之美。

瓦当艺术应用在室内空间中需要借助载体呈现，这种载体就是瓦当与新材料之间的契合之处，是瓦当艺术在现代与传统合理结合的基础上被呈现的重要手段。因此，瓦当艺术要与现代室内设计合理结合，才能实现与现代材料、现代技术等现代化因素的完美契合，从而使室内空间更具设计之美。一些器具能够实现传统瓦当艺术与现代茶壶的结合，富有传统文化的警示纹，起到装饰及传承文化的作用，还具有茶壶饮茶、盛茶的实用功能。这种新材料、新技术的应用能使器具与室内环境合理融合，从而使室内空间呈现和谐统一。

2. 设计理念的提升和转变

瓦被应用在传统建筑的屋顶，属于一个室外空间。现代的室内空间设计把瓦由室外空间引入室内空间，借鉴中国传统的设计思想与现代设计观念相结合。例如，中国传统造园理念中的"借景""对景"以及色彩的审美。瓦艺术与现代环境艺术的合理结合，需要先充分认知瓦当的形、意、神等，再逐步取舍、变化、重构，从而使瓦当纹饰与室内设计合理结合。除此之外，瓦当所蕴含的传统文化内涵可以是环境艺术设计的一个新的指导思路，对传统文化进行充分的认知和了解，在此基础上进行创新和发展，呈现瓦当图形的"神韵"，再结合现代设计的理念和技法充分呈现图形蕴含的文化内涵，最后与适宜的现代材料和施工工艺合理结合。在瓦艺术可持续发展的基础上，使其自然、和谐地融入现代环境艺术设计中。

第七章

传统文化在室内设计中的应用展望

第一节　传统文化在室内设计中的传承与发扬

　　随着社会的发展，人们的物质生活水平和审美要求不断地提高，对室内设计效果的期待越来越高，同时对传统文化的重视越来越高。调查研究发现，近几年许多设计师将中国优秀传统文化与室内设计相融合，这不仅使室内设计形式得到创新与丰富，同时为中国传统文化在新时代的继承与发展找到新途径，二者相得益彰。对此，重点围绕室内设计对传统文化的继承与发展展开论述。

一、传统文化的传承方式

　　文化的价值是多角度的，主要被分为四种价值形式，一是生活的价值；二是方法的价值；三是精神的价值；四是负价值。在这四种价值上，其意义不是绝对的。在文化的价值方面，方法和精神价值的文化同样重要，同时，也避免不了文化的负价值的产生。

　　文化价值的多角度使人们更喜欢正向的文化价值，也因此文化的负价值受到与其他价值不一样的对待方式。尤其需要重视的是，在文化的价值方面，隐性的形式与显性的形式、日常形式与发展、相对形式与绝对形式以及多元性形式等，都可以促进文化的传承。以下是文化的传承方式。

（一）文化传承之贮藏

　　文化是人类在探索自然中产生的文明。文化产生的同时已经带有价值，价值在文化中得以贮藏。文化的价值不是单一的，其中就包含隐性形式与显性形式。人们生存所依靠的文化是生活型文化，在这种文化的内涵中免不了跟世俗沾边，但是，正因为这种文化带有世俗性，才使这种文化成为更适合人们的日常生活。因此，需要其保护和贮藏，而文化的价值决定文化传承的贮藏方式。

（二）文化传承之实践

文化传承是在一定的文化价值下进行的活动，没有经过实践的文化价值不能与人类的生活产生关系，因此，文化的生活价值、方法价值、精神价值以及负价值等，都需要在生活中经过人类的实践，进而与人类的生活产生关联，并得到传承。

优质的文化不仅可以满足人类的实践需要，还可以提升人类的实践成效，因此，这种文化理应得到传承，反之，劣质的文化不仅会危害人类的实践发展，还会对人类社会和谐造成不良的影响，这种文化就必须被摒弃。优质的文化，其性质也是优质的，文化传承是在文化的价值是否优质下进行传承或摒弃的。文化的价值优质与否需要在实践中得出，而实践正是文化传承的根本方式。

（三）文化传承之创新

人类的发展在文化的影响下对其态度是复杂的，其中就包括创新。创新是发展的必然选择，而文化价值的以下特征决定文化是否需要创新。一是人类对文化的价值有着更高的追求，在对文化的价值追求中进行着文化的创新，也可以说文化的价值中已经包含创新。二是人类在文化的传承下不进行积极探索，使文化存在的意义失去原有的价值积极性。三是在不同文化的冲击下，促进文化的完整性时需要进行文化创新。因此，文化的创新不仅是对旧文化的否定，也是对优质的文化的传承。创新推动文化的发展，促进人类对文化的价值的完善，即文化创新是传承和发展文化的重要途径。

总而言之，文化的传承在文化的价值下决定，其方式主要包括三个项目，一是文化贮藏；二是文化实践；三是文化创新。在文化的传承中，文化贮藏是其根本前提，文化实践是其途径，文化创新是其方向。

传统文化下的室内环境设计，在方式方法以及水准上有着很高的要求，在现代的室内设计中依然保留着传统文化。中国传统建筑物通常采用柱网框架结构进行建设，在构建中使隔断和装修构造结构分离，现代的建筑也通常采用柱网框架体系。但是，现代的建筑在结构体系的限制下，外形大都是相似的，每到一处给人的感觉都是似曾相识。室内的设计则是有着较大的变化范围，没有结构的限制就可以制作多种方案，也不乏一些给室内空间建造特殊结构的方案。因此，中国对室内的设计方案已经熟悉，在设计中，室内的设计更易于进行创新发展。事实上，中国的空间隔断设计在历史上就已经有所发展，例如，屏风、隔扇、罩、帘、帷幕，还有墙面挂毯、织物以及地面地衣、毡毯等，一些由历史上演变过来的物品已经在现代的建筑物中大量应用。现代的家具也大多由传统的家具演变而来，一些以传统的形式、用料和线脚及雕饰制作而成的家具，在受到消费者的欢迎的同时也加强了传统文化的展现。室内设计传统文化继承与发扬

二、传统文化在室内设计中的发扬策略

（一）应用传统符号元素

设计离不开元素，为了营造更富中国化的室内装修，我们要借助大量的中国元素，营造中国文化中的意境之美，不断对元素进行创新与变异，使之更加符合现代人的审美。我国传统符号主要包含了具有象征意义与传统寓意的纹样和图案，传统图腾纹饰以及宗教纹饰符号最为典型。除此之外，中国书法和绘画也是室内设计中比较常见的传统符号元素。这些传统文化符号是几千年中华民族智慧的结晶，具有丰富的使用价值和文化价值，在室内设计领域合理地对传统文化符号元素进行运用，可以打造出富有浓厚文化底蕴、别具一格的室内环境。

（二）运用传统的空间分布手法

传统的中式设计最为典型的特征是讲究对称美，对称美在中式设计中的运用，给人以整齐严肃、有条不紊的视觉感受，反映了延续两千余年的中国理性精神。无论是在门窗布局，还是在装饰品的布置等方面无不体现着中式设计中的对称美。此外，在我国传统的空间分布上还讲究"隔断"设计，即"隔而不断"，以起到提醒、过渡的作用。一般而言，隔断运用传统装饰品，如书架、屏风、隔断柜等来达到效果。利用隔断，我们整个房间的功能划分更加

清晰，使我们空间有效合理利用，打造更加人性化室内居住格局，实现功能性与装饰性的整合。

（三）应用传统装饰图案

中国注重对于装饰图案的运用，这不仅起到一定的装饰作用，还承载着中国人民的智慧，蕴含着古代人民的精神信仰。在室内设计中，我们对于装饰图案的运用，是为了营造古代建筑典雅庄重的风格，使设计更富有中国美。对于装饰图案，一般沿袭古代的使用方法，多为点缀，一般多应用于家具、门窗、屋檐等。避免因大面积过度使用装饰图案，而导致装饰繁杂累赘。值得注意的是，运用装饰图案一定要符合整体房间的设计风格，避免累赘、突兀，在选择装饰图案时，要精心选择，了解图案的寓意，使装饰图案起到画龙点睛的作用，增加整个房间的情趣，达到最佳的设计效果。装饰图案要使整体显得大方、舒适，切忌过度烦琐，影响美观。

综上所述，室内设计作为现代人们物质精神需要的重要组成部分，在现代室内设计理念中融入传统文化元素，深入挖掘传统文化精华，充分利用现代科学技术，使传统文化在设计领域中得到完美的表达和呈现，同时为人们打造出独具文化韵味的室内环境。

第二节 地域文化在室内设计中的应用

近些年，社会在不断发展，使人们对生活有了新的要求。以前的室内装饰仅仅是外表设计得好看，却缺少一定的内涵，现代的人们对室内设计的审美加入了文化内涵。而地域文化是地域人民的精神思想和行为习惯的总和，现代的室内设计也将地域文化应用到室内设计中，大大提升了室内设计中的文化内涵。因此，地域文化的传承是非常重要的。

一、地域文化与室内设计的关联

地域文化是经过该地方的文化的不断发展和沉积产生的一种古老文化。

地域文化是在以人为本的长期发展下的物质和精神的积淀，表现了该地方的人们的社会生活以及精神思想。不同地域根据其地方的自然环境、生活习惯、思想意志形成不同且独特的地域文化。

室内设计对室内环境有着很高的标准，一方面是人们对室内设计的需求，另一方面是使室内设计可以持续发展。人们对室内环境的需求是物质和精神的结合。例如，室外的景观在无法改变的情况下可以通过改变室内的景观满足自己的个性化要求，同时提升自己在室内居住的体验感，更好地获得精神上的满足。

地域文化与室内设计有着相互关联的关系，室内设计中可以融入地域文化，促进各类元素设计成效的提升，同时也可以使地域文化通过室内设计展现。因此，不同地域下室内设计中的地域文化是不同的，在精神方面体现得尤为明显，例如，一些室内设计中融入本地域的民族文化或者宗教信念等。

二、地域文化在室内设计中的应用原则

（一）尊重传统文化

当今时代，科技的快速发展对传统文化造成了一定的影响。中国是由 56 个民族组成的一个大家庭，也正因如此，各个民族有着自己的民族文化，因此，在面对不同民族的文化时要以正确的态度对待，尊重民族文化。室内设计师可以依据现代的社会潮流通过现代的科学技术对建筑材料进行再加工，在室内设计中融入地域文化，提升建筑材料的装饰性，促进传统文化的发展。

（二）尊重地域，紧跟时代

建筑的技术是经过实践总结的经验，不但是科学的而且不受地域的影响，所有的建筑几乎都可以运用其科学技术，需要注意的是，建筑的文化精神具有极强的地域特征，这也使所有的建筑不至于相似，使人们感受不同地域的建筑文化的独特魅力。因此，全球化下地域差异的正确对待方式应当是地域性互补，而不是消除地域性差异。传统文化若只是被生搬硬套，则丢失了时代精神的本质。古典的沉淀与时代的灵动是相互影响、相互促进的，在追求

古典的同时不能丢弃时尚的元素，在时尚的审美下提升传统文化的内涵。另外，在设计上对地域文化的引用需要将科学技术与艺术相结合，提升作品内涵和作品成效。例如，在现代空间装饰方面，可以使用该地域的传统符号和展现方式对建筑进行装饰，提升室内环境的传统文化氛围和内涵。苏州博物馆是在现代材料的基础上结合传统文化进行设计的，例如，博物馆内坚实的钢龙骨、通透光亮的玻璃、稳定又坚固的结构以及三角几何体，均在传统文化的结合下进行设计，促进设计中传统文化的呈现。

（三）以人为本，突出地域文化

时代的不断发展，使室内设计更加注重人的感受。环境行为学、环境心理学等学科对建筑环境和人之间的关联做出分析，从不同角度讲述二者之间的关联，因此，人们发现室内环境与人互动关联。一是人的物质和精神需求对室内环境的功能、色调和形式起到了重要影响。二是室内环境影响人的心情以及个人活动。由此，室内设计提升以人为本的理念，更加注重人的物质和精神的需求，加强室内设计的人性化。人的生活离不开建筑，人的生活在建筑中拓展。建筑不仅可以在物质上丰富人的生活，还可以在精神上满足人的需求。室内设计需要融入传统文化，提升室内设计的地域特征，使室内设计更贴近人的生活。

三、地域文化在室内设计领域中的应用

（一）结合地域文化元素，规划新的室内设计思路

要想把地域文化与室内设计融合，就需要设计从事者提升自身对设计的认知。室内设计要与地域文化融合，就需要提取地域文化的相关元素。例如，中国南方的地域特征之一是竹林，设计师想要把地域文化融入室内设计，可以在室内装饰方案中加入竹林的相关元素，提升室内设计的地域特征。在室内空间进行采光的地方，设计师可以依照太阳东升西落产生的光照设置指定窗口。需要注意的是太阳照射强度较高，窗户的架构在建设的同时应当使用现代化的建筑材料。不仅可以提升窗户的整体质量，还可以延长相关设计成

品的使用周期。

（二）以符号呈现地域文化

符号具有传递信息和情感的作用，能够体现事物的特征，还具有隐喻性特点，能够提升设计师在室内设计中地域文化的传达。综观室内设计的发展，在对装饰造型的设计方面不断进行创新，一些具有地域文化符号的图形也由此产生，其中就包含人物、动植物等，一些常见的图腾以及中国结等都属于此类。这些符号可以与室内设计融合，提升室内设计中的地域性特征，既弘扬了地域文化，又拓展了室内设计的灵感来源。设计师在进行室内设计的同时可以引入地域文化的相关元素，创造带有地域特征的室内环境，成为现代室内设计发展的新方向。

（三）在创新中设计和发展

室内设计的创新就是要把地域文化与现代室内设计融合，提升室内设计中的文化内涵，充分将地域文化融入室内建筑中。对于地域文化的展现不仅可以通过图案和色彩，还可以在装饰方面提升室内的环境氛围。例如，云南丽江的茶马云南的饰品，其中的地域文化更是凸显设计的独特之处。设计需要将图片和色彩相融合，表现形式和手法方面不能过于单一，需要适当地选取合适的图案和色彩，在创新的理念下运用衬托、叠加、阴影的手法使室内设计更具空间感。同时，地域文化的特征可以被合理地应用在室内设计的各个部分，打造精神、文化和理念的创新。

总之，地域文化是一种特殊的文化呈现形式。地域的时代发展形成了地域文化，为提升室内设计的风格特征和文化底蕴，加强室内设计的发展，地域文化理应被人们完善和传承。

四、地域文化之茶文化在室内设计中的应用

地域茶文化可以提升室内装饰的独特性，完善室内设计的创新性，促进室内设计多元化发展。因此，将地域茶文化融入室内设计对于室内设计的发展有重要意义。

（一）地域茶文化在室内设计中的应用价值

1. 建立生态性

地域茶文化可以营造室内绿色氛围，为室内设计提供生态环境建设元素，不仅如此，地域茶文化融入室内设计的成本较低，可以降低设计成本。随着时代发展，地域茶文化已经是室内装饰设计的重要元素之一，在现代室内设计中融入地域茶文化已是未来室内设计重要的发展趋势。

2. 提高创新性

地域茶文化融入室内设计可以提升室内设计的创新性，通过时代特征展现室内设计的体系，以室内设计的多元化发展满足人们对室内建设的高要求，提升室内设计的独特性。将地域文化融入室内装饰设计不仅促进时代元素发展，还提升室内设计的地域特点，完善室内设计的价值。

（二）地域茶文化在室内设计中的应用原则

1. 融合性原则

精神文化元素与物质文化元素是地域茶文化的重要组成部分。地域茶文化融入室内设计，需要注意的是应当把地域茶文化元素与设计要求相互融合，要深入探索地域茶文化与室内设计的融合点，促进二者融合。一是地域茶文化与室内设计的融合需要各元素对应相同的设计主旨，注重传统茶文化的创新性发展，提升传统茶文化与现代设计理念的融合成效。二是地域茶文化具有独特性，室内设计中融合地域茶文化的同时需要呈现其独特性，促进地域茶文化与室内设计的融合，重视室内设计中地域茶文化的艺术氛围，展现地域茶文化的独特魅力，提升室内装饰中茶元素的文化内涵，呈现室内设计中地域茶文化的不同融合成效。

2. 传承发展原则

地域文化精神的核心之一是地域茶文化，地域茶文化具有一定的传承性。地域茶文化元素在现代室内设计中被创新和优化，需要在保证地域茶文化的本质与内涵的基础上，把地域茶文化融入室内设计，促进地域茶文化的内涵的传承。因此，室内装饰设计融入地域茶文化，除了要深入探索地域茶文化的传统元素，充分展现地域茶文化中的茶道、茶德、茶联、茶画还需要以人为本，在尊重客户的意见和建议下进行。地域茶文化的装饰性特征需要在现代设计理念的融合下创新，促进地域茶文化与现代装饰材料的共同发展。

（三）地域茶文化在室内设计中的具体应用

1. 功能性应用

地域茶文化融入室内设计要以客户的需求为主，在满足客户对使用功能的需求下，对应用器物和装饰性物品融入地域茶文化元素。在住宿、就餐、居住、室内休闲等方面都可以融入茶文化。一是地域茶文化的行为模式与室内装饰设计融合，例如，北方的茶文化讲求气势，南方的茶文化讲求美观，由此，展现地域茶文化的特性。依照传统茶文化的茶道礼仪设计茶用器具，规范茶用器具的高度、外形、摆放位置等，满足人们品茶的习惯和需求，体现茶文化的特征。二是地域茶文化元素需要与室内空间各种元素相融合，结合传统茶文化应用的装饰材料，可以提升室内自然和谐的氛围，不仅可以满足人们在精神上对地域茶文化与室内设计融合的需求，还能够满足客户品茶和欣赏地域茶文化的需求。

2. 空间性应用

室内设计有着不同的空间布局，室内的设计需要依照空间的布局进行。空间感可以提升客户在空间内的舒适度，在视觉方面布置一些茶器具满足精神需求，例如，室内回廊可以安置茶案、廊柱安置茶楹联以及室内吊灯融入地域茶文化的装饰元素，也可以在茶具和茶叶的放置处运用几何图案提升精美度，提升客户的感官享受，满足客户对地域茶文化的需求。

3. 色彩的应用

地域茶文化的特征不只可以通过室内空间进行展示，还可以在色彩方面将其体现，色彩能够提升人们在品茶时的氛围感。例如，茶文化与褐色室内装饰融合，运用黄色沙发、褐色桌椅，可以提升室内空间茶文化氛围。彩色与褐色融合是室内茶文化色彩搭配的主流。室内的品茶区可以安置博古架以及在墙壁上挂书法作品，促进室内家具和物品与色彩的融合。

4. 材料的应用

地域茶文化与自然相互关联，地域茶文化融入室内设计应展现材料的应用价值。地域茶文化中的茶花等图案都可以作为室内装饰的元素。地域茶元素可以通过抽象展现，例如，融入符号元素的门面，同样可以展现地域茶文化，或者茶树与茶花造型融合而成屏风，加强地域茶文化元素的装饰氛围，以及在室内安置一些有地域特征的绿色植物，促进室内环境的自然氛围，提升地域茶文化与人文元素相融合的成效。

地域茶文化融入室内设计，要以地域茶文化的特征和精神内涵的融入为主，在地域茶文化元素的应用上满足用户在品茶、赏茶与用茶的需求，充分发挥地域茶文化元素的装饰性价值，满足用户对室内设计的文化需求。

第三节　室内设计中文化元素的合理利用和展望

传统文化有着五千多年的历史，在室内设计中融入传统纹样和符号，可以提升室内设计中的文化氛围，体现传统文化和人文关怀。传统文化元素融入室内设计理念，形成具有传统文化氛围的室内设计风格，促进传统文化的传承和发展，保留传统文化的内涵。因此，将传统文化元素合理应用到室内设计中不仅使传统文化得到弘扬，也使室内环境得到了改善。

一、传统文化元素

中国是四大文明古国之一，不仅如此，中国的地域广阔，所蕴含的文化有着千年的历史，这些文化在历史的沉淀下，形成了传统文化。中国的传统文化内涵丰富，具有深厚的民族意蕴和民族特征。传统文化包括工艺剪纸、刺绣以及传统文化符号等，这些都是传统文化中的元素，应用在室内设计中，能提升现代室内设计的文化内涵，使现代室内设计具有传统文化的历史意蕴，呈现中国文化之美。要想把传统文化元素合理地应用在室内设计中，就需要设计师对传统文化元素进行深入探索，挖掘传统文化元素的内涵，找到室内设计与传统文化元素的合理结合方式，以此提升现代室内设计的文化内涵，促进现代室内设计更好地发展，同时促进传统文化的传承和弘扬。

二、传统文化元素在室内设计中应用的意义

（一）提升室内设计的民族特色

随着科学技术的不断发展，室内设计的理念也在时代的发展下不断更新，提升室内设计的创新性，增强室内设计的风格特点。由于当前室内设计的发展存在局限性，富有特点的设计理念不充足，容易使设计统一化，缺少设计的新颖性。在室内设计的风格不够明显的情况下，使室内设计的发展走向同化。传统文化元素有着上千年的历史，文化内涵丰富，应用在室内设计中可以呈现出民族特色和时代特征，使室内环境具有文化内涵，使人们感受到传统文化的魅力。

（二）增强室内设计的生命力

自 21 世纪以来，人们对室内设计的需求不仅重视室内设计的功能性，还重视室内设计的美观性。由于目前室内设计的风格没有随着时代的发展更新，致使室内设计的风格单一化，色彩色调的融合不合理，偏离多元化设计理念，缺乏新时代下的特征与活力。传统文化元素融入室内设计，给室内设计提供了丰富的元素，注入生机与活力，促进室内设计创新发展。传统文化元素与室内设计融合，一方面加强了新时代下室内设计的文化内涵，提升了室内设计的成效，另一方面展现了东方文化之美，提升了室内设计中的人文情结。因此，传统文化元素融入室内设计提升了室内环境的生命力。

（三）促进传统文化的传承与创新

目前，全球化深入发展，世界文化相互交流和影响，促使现代科学技术得到进步与发展，现如今，互联网科技发达，信息化时代已经到来。传统文化是经过上千年的沉淀形成的多元性的文化，随着时代的进步，传统文化不断发展，在信息技术的冲击下，需要加强传统文化的弘扬和传承。因此，室内设计师应自觉弘扬和传承传统文化，这是一种义务，也是一种责任。将传统文化元素融入室内设计，既是提升室内设计文化内涵的重要途径，也是弘

扬和传承传统文化的方式之一。

三、传统文化元素在室内设计中的应用

（一）书法的应用

传统文化中的书法艺术，是传统文化元素的重要代表，具有独特的艺术特征，书法艺术融入室内设计可以提升人们对审美需求的满足感，增强人们的文化修养。传统文化的书法艺术具有强烈的艺术形式与内涵，是传统文化元素的重要组成部分，具有典雅和灵动的特性。现如今，书法艺术已经融入室内设计，提升室内环境，增强室内文化意蕴，有助于室内设计艺术价值的展现。通过强化室内设计的风格衬托出居住人的审美观念，展现居住人的涵养。传统文化中的书法是具有独特性的艺术形式，是传统文化的重要体现，书法艺术元素融入室内设计可以提升室内设计的内涵和美感。书法与室内设计融合要求设计师提升自身对书法作品的整体认知，室内设计不仅要融入书法艺术元素，还要根据居住人对书法类型的喜好进行融合与设计，坚持以人为本的设计理念，实现室内设计的艺术化氛围，提升室内设计的独特性。

（二）传统纹样的应用

中国的传统纹样具有多元化特征，其文化内涵丰富，在艺术方面具有多元化内涵，融入室内设计不仅可以呈现吉祥的寓意，还可以展现出人们对美好生活的向往。例如，二龙戏珠，由两条龙和一颗龙珠组成，寓意吉祥如意，狮子和绣球组成的图案，寓意富贵和长寿。传统文化元素具有多样化特征，传统纹样是传统文化元素中的重要组成部分。传统纹样融入室内设计，可以提升室内环境典雅和古朴的氛围，提升室内空间氛围及居住人的舒适度，满足居住人对室内环境的精神需求。传统纹样融入室内设计，不仅要结合地方建筑文化的特点和民风，还要引入现代化的设计理念和元素，促进传统纹样与室内设计的材料、质地、工艺合理融合，呈现出具有东方设计风格的室内空间，展现民族特征中的乡土气息，提升室内设计的民族特色。

（三）传统装饰色彩的应用

室内设计中色彩起到的作用很大，既可以直接对室内设计的风格和成效产生直接影响，又是人们的首要感知因素。室内设计可以通过色彩的合理运用改善室内环境的表现力，在设计的过程中，不合理地使用色彩会导致室内空间环境产生违和感，不能满足人们对室内环境的舒适性需求。因此，室内设计需要合理使用色彩，不仅要了解色彩的运用原则，还要将传统色彩元素应用到室内设计中，提升室内环境设计的美感。对于单一的色彩，这种色彩本身不具备美感，需要通过色彩合理搭配呈现出传统工艺的美感，例如，刺绣、剪纸和灯笼等传统文化元素，通过合理融入色彩提升视觉效果，促进人们情感共鸣。再比如，在室内设计过程中，金黄色、红色和蓝色的融合可以呈现出高贵与华丽的感觉，或者以大量的红色为主调，可以营造一种喜庆的氛围，剪纸与灯笼的传统工艺的合理搭配可以提升室内空间的文化意蕴。在色彩的心理效应下，室内设计中起居室、卧室和书房需要使用颜色不鲜艳的色彩。

（四）传统文化思想和习俗的应用

室内设计中配色和布局等的设计都可以融入传统文化元素，对称和平衡原则是传统文化中的重要思想，因此，室内设计中可以融入对称和平衡原则。大多数设计都采用对称的布局方法，家具种类的配置也是如此，对称的布局方法可以提升室内设计的整洁度。现如今，人们对自然的氛围的需求不断增高，热爱宁静舒适的生活，因此，室内设计可以通过融入天然的装饰材料提升室内环境的自然氛围。在室内设计过程中，可以应用绿植和竹子等天然植物，促进室内环境美化。传统文化思想注重虚实说，因此，室内空间的分隔可以运用虚实说，采用天花板或者地面造型的方式，进行虚实分隔，避免过多应用墙体和柜子进行空间分割，从而提升室内空间设计的柔性美。

四、室内设计与传统文化元素的融合与创新

（一）传统文化给予室内设计文化养分

传统文化元素是人们进行社会实践后创造的文明成果，在整个过程中，

取其精华，去其糟粕。因此，传统文化元素具有强大的生命力，合理融入室内设计可以提升室内环境的文化氛围。

（二）室内设计观念是传统文化思想的延续

室内设计的过程也是文化创新的表现，室内设计的过程形成了动态的文化体系，传统文化元素也是如此，经过不断的发展，传统文化也呈现动态发展的趋势，为室内设计提供丰富的文化元素。室内设计的过程既是一种设计行为，也是传统文化元素探索和创新的过程。室内设计理念的形成是一个漫长的过程，在传统文化不断为室内设计提供传统文化元素的基础上，促进室内设计理念拓展，使室内设计富有内涵。

传统文化是中华民族的文化瑰宝，是上千年发展的积淀，具有丰富的精神内涵和文化底蕴。现如今，传统文化元素融入室内设计，促进室内设计的发展。因此，新时代的室内设计应当实现与传统文化元素合理融合，在不断探索传统文化元素的内涵中，提升室内设计中传统文化韵味，促进室内设计更好的发展。

参考文献

[1]陈利平．浅论室内设计中传统文化的表达[J]．大科技，2022(11)：154－155.

[2]陈平．中国传统文化与现代室内设计的融合[J]．中国厨卫，2022(5)：13－15.

[3]陈卫新．中国印象住宅[M]．沈阳：辽宁科学技术出版社，2019.

[4]陈卫新．中国印象别墅[M]．沈阳：辽宁科学技术出版社，2019.

[5]程晓晓．室内设计新理念[M]．天津：天津科学技术出版，2020.

[6]董雅，陈高明．中国传统文化设计的现代性转向[M]．天津：天津大学出版社，2019.

[7]葛俊虎．传统文化符号在现代室内设计中的应用探析[J]．电脑采购，2020(48)：166－168.

[8]桂恬．建筑室内设计教学与传统文化的结合[J]．中外企业家，2020(14)：208.

[9]华露嵘．室内设计中的传统文化元素之应用[J]．居舍，2022(33)：10－13.

[10]化越．室内设计与文化艺术[M]．昆明：云南美术出版社，2019.

[11]贾成祥，魏孟飞．中华传统文化要略[M]．北京：中国社会科学出版社，2021.

[12]靳琳昊．现代室内设计与传统文化的交融方式[J]．艺术品鉴，2020(9)：220－221.

[13]李丹，余运正．当代室内设计中美学原理的应用研究[M]．长春：东北师范大学出版社，2019.

[14]李浩天．中国传统文化元素在室内设计中的应用[J]．家庭生活指

南，2020(9)：42－43.

[15]李江军.室内家居风格全案设计中式风格[M].北京：机械工业出版社，2019.

[16]李丽博.现代室内设计中传统文化元素的运用[J].新材料（新装饰），2021(14)：25－26.

[17]李万军.室内设计全书[M].北京：电子工业出版社，2021.

[18]李贤.传统文化符号在室内设计中的应用[J].包装世界，2022(10)：73－75.

[19]李雪仪.传统文化在室内设计中的可拓性应用[J].装饰装修天地，2022(8)：49－51.

[20]林蛟，黄兵桥.浅析现代室内设计中对传统文化的应用和体现[J].居业，2021(8)：24－25.

[21]刘盛.中国当代室内设计中对传统文化传承方式分析[J].明日风尚，2020(21)：34－35.

[22]刘淞麟，吴忠秋.中国当代室内设计中传承传统文化的方案研究[J].艺术大观，2020(15)：29－30.

[23]刘蕴蕴.现代室内设计中对传统文化的传承与借鉴[J].大众文艺，2020(20)：71－72.

[24]鲁岳.我国传统文化元素在室内设计中的应用[J].新材料（新装饰），2020(16)：36－37.

[25]刘可欣.室内设计中传统文化的体现[J].建筑结构，2022(2)：158.

[26]秦慧.中国传统文化在室内设计中的传承[J].包装世界，2022(5)：58－60.

[27]赛音夫.浅谈传统文化元素在室内设计中的运用[J].陶瓷，2021(10)：149－150.

[28]邵中秀.浅析室内设计中传统文化氛围的塑造[J].真情，2020(2)：288.

[29]孙晓萱.我国当代室内设计中对传统文化传承方式的探析[J].鞋类

工艺与设计，2022(16)：156－158.

[30]王丽娜，汤瑾.室内设计[M].哈尔滨：哈尔滨工程大学出版社，2021.

[31]王明道，袁华，张海燕.室内设计[M].上海：上海交通大学出版社，2021.

[32]王颖颖.传统文化元素在室内设计中的应用探索[J].大观，2021(2)：43－44.

[33]王跃伟.现代室内设计与传统文化的交融方式[J].艺术大观，2021(14)：60－61.

[34]吴广.室内设计艺术探索[M].吉林美术出版社有限责任公司，2021.

[35]解凡卓.探析室内设计对传统文化的传承与发扬[J].传奇故事，2020(4)：187.

[36]邢宗彻.浅析室内设计中传统文化氛围的塑造[J].中国住宅设施，2021(7)：65－66.

[37]熊伟翔.中国传统文化与现代室内设计的融合[J].文化产业，2021(32)：41－43.

[38]徐照.论室内设计对传统文化的继承与发扬[J].陶瓷，2022(9)：132－134.

[39]薛黄云.建筑室内设计中传统文化的融合研究[J].装饰装修天地，2021(8)：19.

[40]闫丽.论室内设计对传统文化的继承与发扬[J].包装世界，2022(3)：4－6.

[41]严乐.室内设计对传统文化的继承与发扬[J].艺术大观，2020(34)：55－56.

[42]杨芳.现代室内设计中传统文化元素的融入[J].新材料·新装饰，2020(8)：13.

[43]杨圣林，朱华欣，陈国建.传统文化符号与现代室内设计的结合[J].美术教育研究，2020(5)：50－51.

［44］姚倩倩．优秀传统文化传承与创新研究［M］．北京：中国纺织出版社，2021．

［45］易红杏．探析中华优秀传统文化元素在室内设计实践中的应用研究［J］．居业，2021(8)：40－41．

［46］袁莎莎．传统文化元素在现代室内设计中的有效运用［J］．文化产业，2022(30)：160－162．

［47］张浩彦．中国当代室内设计中对传统文化的传承［J］．居舍，2021(15)：179－180．

［48］张荣美，宋芳芳．论室内设计对传统文化的继承与发扬［J］．建筑建材装饰，2021(19)：172－174．

［49］赵春光，室内设计中的中国传统文化元素［J］．建筑建材装饰，2020(24)：195－196．

［50］朱安妮．传统文脉与现代环境设计［M］．北京：中国纺织出版社，2019．